Zukunftsgestaltung und Chaostheorie

Grundlagen einer neuen Zukunftsgestaltung unter Einbeziehung der Chaostheorie

Vorwort von Ossip K. Flechtheim

Werner Mittelstaedt

Zukunftsgestaltung und Chaostheorie

Grundlagen einer neuen Zukunftsgestaltung unter Einbeziehung der Chaostheorie

Vorwort von Ossip K. Flechtheim

PETER LANG
Frankfurt am Main · Berlin · Bern · New York · Paris · Wien

Die Deutsche Bibliothek - CIP-Einheitsaufnahme

Mittelstaedt, Werner:

Zukunftsgestaltung und Chaostheorie : Grundlagen einer neuen Zukunftsgestaltung unter Einbeziehung der Chaostheorie / Werner Mittelstaedt. Vorw. von Ossip K. Flechtheim. - Frankfurt am Main ; Berlin ; Bern ; New York ; Paris ; Wien : Lang, 1993
ISBN 3-631-45221-7

ISBN 3-631-45221-7

Satz: Unitext GmbH Frankfurt am Main

Den Menschen des 21. Jahrhunderts gewidmet

Wir haben die Erde nicht geerbt,
wir schulden sie unseren Kindern.

Altes Sprichwort aus Kaschmir

INHALTSVERZEICHNIS

TEIL 2

Grundlagen einer neuen Zukunftsgestaltung unter Einbeziehung der Chaostheorie und Lösungsvorschläge für die globalen Zukunftsfragen

VORWORT

Werner Mittelstaedt, Jahrgang 1954, beschäftigt sich seit Jahr und Tag mit der Zukunft unserer Gesellschaft. Sein Interesse an der Zukunft der Menschheit ist sowohl theoretischer wie praktischer Natur. Schon 1977 hat er die Gesellschaft für Zukunftsmodelle und Systemkritik e.V. in Gelsenkirchen gegründet, deren Vorstand und Geschäftsführer er seit dieser Zeit ist. Er ist auch Herausgeber und Redakteur der Zeitschrift *Blickpunkt Zukunft.* 1988 erschien sein erstes Buch *Wachstumswende - Chance für die Zukunft.* Hier untersucht er gründlich den Zustand der modernen Industriegesellschaft und analysiert vor allem die so oft zitierten "Grenzen des Wachstums". Schon in diesem Buch finden sich beachtenswerte Ideen zur Lösung der Krisen von heute und morgen. Das Hauptthema des Buches ist die Möglichkeit und Notwendigkeit einer Wende vom rein quantitativen zum ökologischen und humanen qualitativen Wachstum.

Sein neues Buch knüpft an die vorhergehende Publikation an und setzt sich vor allem mit der Zukunftsanalyse und Zukunftsgestaltung in unserem Jahrzehnt auseinander. Es besticht schon durch den Stil und die Form der Präsentation. Es ist außerordentlich klar und leicht lesbar geschrieben. Der Leser wird bald spüren, daß es nicht nur um eine abstrakte Analyse geht, sondern auch um sehr konkrete Anregungen und Vorschläge. Die Aktualität und Originalität der Beweisführung des Autors springt sofort ins Auge. Die vorliegende Veröffentlichung enthält auch mehr als Titel und Untertitel andeuten. Zwar wird die Chaostheorie vom Autor in die Betrachtung einbezogen; der Rahmen der Analyse reicht jedoch weit darüber hinaus. Zum gesamten Zukunftskomplex hat Mittelstaedt 283 Fachleute befragt. 40 Persönlichkeiten haben den Fragebogen beantwortet und 30 haben sich bereit erklärt, namentlich zitiert zu werden. Weitere zehn Personen, darunter alle fünf Frauen, die die Fragen beantwortet haben, wollten nicht erwähnt werden. Unter den Befragten, deren Antworten weitergegeben werden, befinden sich so bekannte Zukunftsforscher wie Dietrich Goldschmidt, Rainer Kabel, Dieter Lutz, Peter H. Mettler, Lothar Schulze, Rolf Schwendter, Herbert Stachowiak, Fritz Vilmar und Ernst U. von Weizsäcker.

Mittelstaedt will seine Leser nicht nur informieren, sondern auch zum aktiven Eingreifen anregen. Er selber glaubt, daß die Entwicklung der letzten Jahre nicht nur negative Züge aufzuweisen hat, sondern auch manche positiven Ansätze für eine wünschenswerte Zukunft. So überschreibt er ein Kapitel seines Buches, in dem er sich kritisch mit Weltorganisationen und Konferenzen ohne Folgen, dem sogenannten Öko-Schwindel und dem Golfkrieg auseinandersetzt, "Reden ist Silber, Handeln ist Gold!". An anderer Stelle heißt es bei ihm: "Global denken, lokal handeln." Und schließlich ermuntert er uns mit den Worten: "Wir können nur hoffen, wenn wir handeln."

Der Leser wird auch aufgefordert, ganz konkrete Minimalleistungen zu erbringen. Unter anderem die Bereitschaft, höhere Energiepreise zu zahlen, Chemie im Haushalt zu vermeiden, auf das Zweitauto zu verzichten, den Fleischkonsum zu reduzieren, immer wählen zu gehen, die neuen sozialen Bewegungen zu unterstützen oder Geld für eine Dritte-Welt-Hilfsorganisation zu spenden.

Im zweiten Buchteil entwickelt Mittelstaedt Thesen, die die Erkenntnisse der modernen Chaostheorie für die Gestaltung wünschenswerter Zukünfte einbeziehen sollen. Der Terminus "Chaostheorie" mag zu Mißverständnissen führen, wenn man der Chaostheorie unterstellt, sie behaupte, überall und immer herrsche nur Chaos. In Wirklichkeit will sie den Zusammenhang zwischen Chaos und Ordnung nur schärfer herausarbeiten als es bisher geschehen ist. Daher glaubt Mittelstaedt, daß gerade auch die Chaostheorie uns zur Gestaltung wünschenswerter Zukünfte verhelfen kann. Die Zukunft läßt sich nur voraussehen und gestalten, weil es eine bestimmte Bandbreite von Gewißheiten und Ungewißheiten gibt. So wissen wir z.B., daß der Mensch nicht ewig oder auch "nur" 1000 Jahr leben wird. Andererseits kann er als Baby oder als Greis sterben. So mag auch die Menschheit infolge von Katastrophen untergehen oder in einen Zustand der Barbarei zurückgeworfen werden. Andererseits ist es auch möglich, daß sie nicht nur dahinvegetiert, sondern sogar ihre Zukunft human und ökologisch gestaltet.

Schlüsselbegriffe für diese positive Alternative sind bei Mittelstaedt der Dritte Weg und die wirklich "revolutionäre Revolution". Beide Konzepte beruhen unseres Erachtens auf dem Prinzip der Gewaltfreiheit. Diese stellt eine Synthese zwischen revolutionärer Gewaltsamkeit und quietistischem Legalismus dar: Es ist eine dem Dritten Weg angemessene Strategie. Die Anhänger der gewaltfreien Aktion verzichten auf die physische Gewalt gegenüber Menschen, sind aber nicht bereit, die bestehenden Gewalten stets und überall widerstandslos hinzunehmen. So hat Martin Luther King seine Politik der Gewaltfreiheit und des Widerstands selber als Dritten Weg zwischen Ergebung und Gewalt beschrieben: "Der Anhänger des gewaltfreien Widerstands ist mit dem, der sich in sein Schicksal ergibt, einer Meinung, daß man nicht tätlich gegen seinen Gegner vorgehen soll. Andererseits ist er aber auch mit dem, der für Gewalt ist, einig, daß man dem Bösen Widerstand leisten muß. Er vermeidet die Widerstandslosigkeit des ersteren und den gewaltsamen Widerstand des letzteren."

Es geht bei der Gewaltfreiheit aber nicht nur um den äußeren Tatbestand des Nichtverletzens - oberflächlich betrachtet "verletzt" ja z.B. der Chirurg seinen Patienten, wenn er ihm ein Glied amputiert. Es geht auch um die Einstellung und das Ziel. Gefordert wird Respekt vor dem anderen, das Wissen um das gemeinsame Menschentum, ja ein Minimum an Mitmenschlichkeit im Verhältnis zum Gegner, auch bei noch so scharfen Auseinandersetzungen und Kämpfen. Hinzunehmen wären bestimmte eng umschriebene Tatbestände des sogenannten nichtverletzenden Zwanges. Ähnlich wie die Engländer zwischen "violence" und "force" unterscheiden, sollte man zwischen verletzender Gewalt und nichtverletzendem Zwang differenzieren. Gustav Heckmann erklärt, daß bei letzterem "die Person des Gegners geachtet bleibt ... der Widerstand gilt ausschließlich einer bestimmten Handlung, einer bestimmten Maßnahme, die sozusagen aus der Gesamtperson des Gegners herausgelöst wird. Ein einfaches Beispiel: Wenn jemand sich einem Einbrecher, der in das Haus einzudringen versucht, lediglich entgegenstemmt, dann übt er auf ihn einen gewissen Zwang aus; dieser richtet sich aber ausschließlich gegen die Handlung des unrechtmäßigen Einbrechens". Heckmann betont in diesem Zusammenhang, "daß der nichtverletzende Kämpfer sich der vollen Gewalt seines Gegners aussetzt. Das fordert ein hohes Maß an Leidensbereitschaft".

Auch wer für gewaltfreie Aktion eintritt, mag zwischen verschiedenen Erscheinungsformen der Gewalt unterscheiden - etwa zwischen der Gewalt gegen Sachen und der Gewalt gegen Personen. Jene mag hingenommen werden, diese nicht. Die Zerstörung eines Denkmals oder einer Flagge kann ausnahmsweise als Symbol befreiend wirken, die Tötung oder Folterung von Wehrlosen, Schwachen und Unbeteiligten niemals.

Die unbedingte Gewaltfreiheit wird in Herrschaftssystemen fragwürdig, die nicht nur eine Minderheit, sondern die breiten Massen so brutalisieren, daß diese jeder menschlichen Regung unzugänglich werden. Hatten die Juden in Deutschland 1933 vielleicht noch die Möglichkeit, gewaltfrei zu reagieren, so war gewaltfreies Handeln 1943 im Warschauer Getto oder gar in Auschwitz sinnlos. Die Gewaltfreiheit stößt also auch an ihre Grenzen. Wie schon der polnische Philosoph Kolakowski hervorgehoben hat, kann die totale und absolute Konsequenz zu widersinnigen Resultaten führen. Sich etwa gewaltfrei gegen einen neuen Hitler zu verhalten, könnte den Tod von Millionen zur

Folge haben. So läßt sich z.B. der Tyrannenmord unter Umständen rechtfertigen. Gandhi selber hat einmal die Grenzen der Gewaltfreiheit angedeutet: "Ich glaube, daß ich da, wo nur die Wahl bliebe zwischen Feigheit und Gewalt, zur Gewalt raten würde. Dagegen glaube ich, daß die gewaltfreie Aktion der Gewalt unendlich überlegen ist."

Angesichts dieser Schwierigkeiten darf man dennoch nicht leichtfertig Ausnahmesituationen unterstellen - die abschüssige Bahn zur Hölle ist allzu oft mit guten Vorsätzen gepflastert, die da lauten mögen: Der Krieg ist der einzige Weg zum Frieden; man tötet nur zum Schutz höchster Güter; man wendet Gewalt zum letzten Mal an, so daß sie ein für allemal überflüssig wird. Die dauernde kritische Überprüfung jedweder Gewaltanwendung ist unabdingbar. Die volle Beweislast für die Gewaltanwendung liegt stets bei demjenigen, der tötet oder verletzt. Ferner muß er sein gewaltsames Vorgehen offen und ehrlich zugeben. So manche Erscheinungsform der Gewalt ist so unmenschlich, daß sie verheimlicht werden *muß*; die Publizität würde diese Art der Gewaltanwendung unmöglich machen. Sie ist im wahrsten Sinne des Wortes unaussprechlich. Schließlich sollte es niemandem ermöglicht werden, durch andere Gewalt ausüben zu lassen. Gewaltanwendung wird dem Täter allzu leicht gemacht, wenn er, am Schreibtisch sitzend, den Folterknechten "nur" die Befehle erteilt.

Schließlich kennen wir in der Futurologie auch unerwartete Entwicklungen, die sich der Prognose entziehen. Ausnahmsweise ereignet sich einmal etwas, das aller Erwartung und jedem Kalkül widerspricht. Unter der Oberfläche wirken hier und da Kräfte, die höchstens unsere kühnste Phantasie erahnen kann. Tschechische Reformer erzählen, daß, hätte man 1967 einen Prager Frühlung prognostiziert, sie eine solche Entwicklung für undenkbar gehalten hätten. Und wer hätte vorauszusagen gewagt, daß 1974 in Portugal ausgerechnet Militärs eine Militärdiktatur stürzen und eine radikal-demokratische Revolution einleiten würden. Auch war schließlich ein Gorbatschow mit seiner Glasnost und Perestroika wohl ebenso sehr eine Überraschung wie die friedliche Revolution in Mitteleuropa 1989. Grenzen solche Entwicklungen nicht an so etwas wie historische "Wunder"?

Mit Recht hat man von unserer modernsten Supertechnik, der Kernenergie, als einem "faustischen Pakt mit dem Teufel" gesprochen. Oswald Spengler hat unsere ganze moderne Gesellschaft als faustische Kultur gedeutet und behauptet, sie sei dem Untergang geweiht. In der Tat hatte sich Faust rettungslos dem Teufel verschrieben. Bei Goethe geschieht dann aber doch ein "Wunder": Trotz allem wird der verdammte Faust gerettet. Ist es da ganz und gar ausgeschlossen, daß unsere faustische Zivilisation noch durch eine Art von historisch-politischem "Wunder" gerettet wird? Wir wissen das nicht - dennoch müssen wir alles in unseren Kräften Stehende tun, um ein solches "Wunder" etwas wahrscheinlicher zu machen.

Ossip K. Flechtheim

Chaos kündigt heute, wie niemand bestreiten wird, die Zukunft an. Um aber sich in die Zukunft zu bewegen. muß man einen Großteil der Vergangenheit über Bord werfen.

Joseph Ford

EINLEITUNG

Die Chaosforschung wird in den nächsten Jahren das wissenschaftliche Weltbild erneuern, wahrscheinlich sogar revolutionieren. Diese Einschätzung wird seit einigen Jahren von zahlreichen WissenschaftlerInnen mit einer Fülle von Argumenten unterstützt. In diesem Buch sind Thesen aufgeführt, die darlegen, daß die Chaostheorie *ebenfalls* für die Zukunftsgestaltung menschlicher Gesellschaften immer wichtiger werden wird.

Die Erkenntnisse der modernen Chaostheorie wurden in naturwissenschaftlichen Disziplinen wie der Physik, Chemie, Biologie und Mathematik gewonnen bzw. erforscht. Dieses Buch liefert Ansatzpunkte dafür, um das Erkenntnismodell der Chaostheorie mit konkreten Fakten und praxisorientierten Wert- und Handlungsmustern für eine humane und ökologisch orientierte Zukunftsgestaltung zu verknüpfen.

Mit dieser Arbeit, die Wissen aus der Chaostheorie mit der künftigen Gestaltung sozialer Systeme verbindet, werden relativ neue Aspekte für die Zukunftsdebatte diskutiert, die der Club of Rome zu Beginn der 70er Jahre eingeleitet hat. Bislang wurden die Implikationen der Chaostheorie für die Gestaltung sozialer Systeme in den Wissenschaften kaum reflektiert.

Um dieser Thematik gerecht zu werden, wurde dieses Buch in zwei verschiedene Teile aufgebaut. Der erste Teil vermittelt Zukunftswissen über die Menschheitskrisen am Vorabend des 21. Jahrhunderts; der zweite beschreibt *Grundlagen einer neuen Zu-*

kunftsgestaltung unter Einbeziehung der Chaostheorie. Er zeigt Lösungsansätze für die globalen Herausforderungen auf, die im ersten Teil aufgeführt sind.

Teil I ist eine Analyse der Menschheitsfragen, die sich herkömmlichen Krisenbeschreibungen zu entziehen versucht. Anstelle althergebrachter Zukunftsszenarios werden die Grundfragen der Menschheit ausschließlich mit bestehenden und möglichen Lösungsmustern und bewußt gewählter Ermutigungsarbeit analysiert und verbunden. Den Menschheitsherausforderungen werden die *neuen sozialen Bewegungen* und die alternativ ausgerichteten wissenschaftlichen Institutionen gegenübergestellt, die weltweit wachsenden Einfluß ausüben. Es wird festgestellt, daß dem Verlust an Utopie mit Zukunftsvisionen begegnet werden muß, an denen es nicht mangelt. Angst und Resignation gegenüber den Zukunftsproblemen werden Argumente für eine *neue Aufklärung* und die Darstellung neuer Wertorientierungen entgegengehalten. Im ersten Teil wird zudem Kritik an den maßgebenden EntscheidungsträgerInnen in Politik, Wirtschaft und Gesellschaft geübt, die durch Verantwortungsschwindel, Tatenlosigkeit, Handeln wider besseren Wissens, Herunterspielen von Krisen und oftmals mit großer Selbstgerechtigkeit dabei sind, die Krisen der Menschheit zu verschärfen. Da noch immer ein hohes Informationsdefizit in vielen Detailfakten bezüglich des "Treibhauseffektes" und zentraler Ursachen besteht, die für die Zerstörung der globalen Lebenswelt verantwortlich sind, vermittelt der erste Buchteil zahlreiche exemplarische Fakten, die die LeserInnen zur weiteren Zukunftsgestaltung gebrauchen können.

Darüber hinaus ist als Anhang zu Teil I eine von mir durchgeführte und ausgewertete Umfrage veröffentlicht, in der Fragenkomplexe zur Zukunft der Menschheit von Persönlichkeiten aus Politik, Wirtschaft und Wissenschaft beantwortet wurden.

Zusammengefaßt wird im ersten Teil eine Zukunftsanalyse der Menschheit mit exemplarischen Daten, Fakten und Trends vorgelegt. Dabei wird festgestellt, daß die vielfältigen Krisen *globalen*

Charakter haben, die jedoch oftmals schon durch *lokales Handeln* entschärft werden können. Zudem werden Orientierungspunkte, Wert- und Handlungsmuster beschrieben, die zur Lösung der Zukunftskrisen diskutiert werden sollten.

Dabei habe ich bewußt vieles vereinfacht und verkürzt dargestellt, mit dem Ziel, die Vielfalt der globalen Krisen und Chancen, aufzuzeigen. Eine tiefgreifende Analyse der im Buch diskutierten Aspekte würde nämlich viele Bände füllen.

Im zweiten Teil wird Grundwissen aus der Chaostheorie vermittelt. Bestimmte Leitsätze aus der Chaostheorie werden skizziert und daraufhin überprüft, inwieweit sie für eine humane und ökologisch orientierte Zukunftsgestaltung genutzt werden können.

Eine wichtige Funktion bildet dabei die *sensitive Abhängigkeit von den Anfangsbedingungen in nichtlinearen Systemen.* Der Entdecker der Chaostheorie, Edward Lorenz, hat dafür den Begriff *Schmetterlingseffekt* geprägt, der besagt, "daß theoretisch schon der Flügelschlag eines Schmetterlings in Brasilien einen Tornado in Texas auslösen kann". (Gleick 1988) Dieser Begriff ist eine Metapher dafür, daß schon mikroskopisch kleine Veränderungen in den Anfangsbedingungen dynamischer Systeme große Wirkungen erzielen können. Die Existenz des sogenannten Schmetterlingseffektes wurde durch die Chaostheorie nachgewiesen. Auf *neue Anfangsbedingungen (*Schmetterlingseffekte) für die Gestaltung sozialer Systeme wird im zweiten Teil eingehend hingewiesen, wofür schließlich im letzten Kapitel Beispiele genannt werden.

Es wird dargelegt, wie die Erkenntnisse der Chaostheorie der Politik, Wirtschaft und Wissenschaft sowie dem einzelnen Menschen helfen können, die moderne Industriegesellschaft ökologisch umzubauen und den notleidenden Menschen in der Dritten Welt zu helfen.

Begriffe wie *deterministisches Chaos, Anfangs- und Randbedingungen, fraktale Geometrie, Nichtlinearität, Selbstähnlichkeit und Selbstorganisation* werden allgemeinverständlich erklärt. Somit liefert der zweite Teil auch Einstiegswissen in die moderne Chaostheorie.

Im letzten Kapitel sind "*Sieben Implikationen aus der Chaostheorie für die Gestaltung wünschenswerter Zukünfte*" angeführt. Sie bilden im Zusammenhang mit neuen *Anfangsbedingungen* zur Zukunftsgestaltung die Quintessenz dieses Buches.

Damit meine Thesen nicht in dem Ruf purer Theorie verharren, habe ich im letzten Kapitel Wert- und Handlungsmuster aufgeführt, die diese mit konsensfähigen Vorschlägen für eine bessere Welt untermauern. Dabei wird versucht aufzuzeigen, wie der einzelne Mensch mit Basiswissen aus der Chaostheorie Schlußfolgerungen für seine persönliche Zukunftsgestaltung ziehen kann.

Ich habe mich bemüht, das Buch stilistisch so zu konzipieren, daß es eine breite Leserschaft, insbesondere die Jugend, durch eine klare, leicht verständliche Sprache anspricht. Es sollte auch WissenschaftlerInnen sowie die maßgebenden EntscheidungsträgerInnen in Politik, Wirtschaft und Gesellschaft inspirieren, weil neue Sichtweisen zur Zukunfts(um)gestaltung geboten werden.

Ich würde mich freuen, wenn sich die LeserInnen durch dieses Buch auf neue Wege der persönlichen und gesellschaftlichen Zukunftsgestaltung leiten lassen würden.

Gelsenkirchen, September 1992 Werner Mittelstaedt

TEIL I

KRISEN UND CHANCEN DER GLOBALEN ZUKUNFTSGESTALTUNG IM AUSGEHENDEN 20. JAHRHUNDERT

Kapitel 1

Die Zukunft soll man nicht voraussehen wollen, sondern möglich machen!

Antoine de Saint-Exupéry

FRAGMENTE ÜBER GRUNDFRAGEN, ZUKUNFTSCHANCEN UND VISIONEN DER MENSCHHEIT

Die zentralen Grundfragen der Menschheit

Im letzten Jahrzehnt des 20. Jahrhunderts stellen sich für die Menschheit die nachfolgenden zentralen Grundfragen. Sie müssen insbesondere durch neue Formen der Zukunftsgestaltung in den hochindustrialisierten Ländern und den Schwellenländern der Zweiten, sowie den armen Ländern der Dritten Welt beantwortet werden. Den sehr armen Ländern in der sogenannten Vierten Welt muß zudem rasch großangelegte humanitäre und wirtschaftliche Unterstützung durch alle bessergestellten Länder zuteil werden, wobei Priorität für *Hilfe zur Selbsthilfe* gegeben werden muß.

I.

Wie können die Menschen, besonders die privilegierten in den hochindustrialisierten Gesellschaften, davon überzeugt werden, daß sie ihre Wertorientierungen und darauf begründete Handlungsmuster zum Teil drastisch ändern müssen? Dieses ist erforderlich, damit die Lebensmöglichkeiten der Menschen in den Ländern der Zweiten bis Vierten Welt spürbar verbessert werden können. Darüber hinaus um allen Kindern dieser Welt ein Leben zu ermöglichen, in dem die Biosphäre und die begrenzten Rohstoffvorkommen noch eine wünschenswerte Lebensgestaltung ermöglichen. (Anm. d. A.: Als Biosphäre wird die Gesamtheit aller Organismen der Erde, bzw. auch der von ihnen bewohnte Lebensraum, also Boden, Wasser und Luft definiert.)

II.

Kann der globale Militärisch-Industrielle-Politische-Komplex aufgelöst werden, und wird die Menschheit in absehbarer Zeit in der Lage sein, die Ursachen internationaler Konflikte, die kriegerisch ausgetragen werden, mit rein politischen Mitteln zu lösen?

III.

Können alle Systeme in den von wissenschaftlich-technischen Innovationen geprägten Wirtschaftsbereichen, der Weltgüter- und Personenverkehr, die Energie- und Chemiewirtschaft, die Architektur, die Entsorgungssysteme und alle anderen Systeme, die an der Zerstörung der natürlichen Grundlagen des Lebens auf dem Planeten Erde mehr oder weniger Anteil haben, in einem angemessenen Zeitraum so umgestaltet werden, daß sie den ökologischen Erfordernissen genügen und zugleich zur Reduzierung der Ungleichheiten und Ungerechtigkeiten global beitragen?

IV.

Ist es möglich, in den nächsten Dekaden eine ökologisch und human ausgerichtete Ethik zu formulieren und diese zum globalen Maßstab auszurufen, der helfen kann, daß jedem Menschen dieser Welt ein Lebensstil ermöglicht wird, welcher in einer vernünftigen Relation zur ökologischen und materiellen Ergiebigkeit sowie Belastbarkeit unseres Planeten steht?

V.

Sind die Menschen auf den drei Kontinenten der Dritten Welt, die bald 90 Prozent der Menschheit stellen, in der Lage, eigene, vom kapitalistischen Industriegesellschafts-Paradigma unabhängige Entwicklungen einzuleiten?

VI.

Kann Nachfolgendes bewahrt, entwickelt bzw. weiterentwickelt werden?

- Die geschichtlich und kulturell geprägten Reichtümer und Vielfältigkeiten der Menschheit in Form von Traditionen, alten Handwerken, Lebensarten, Sprachen usw.
- Ausbau des Zusammenlebens von Menschen unterschiedlichster ethnischer Herkunft und Nationalitäten.
- Abbau der Macht multinationaler Konzerne.
- Abbau der Macht von PolitikerInnen und politischen Parteien.
- Aufbau eines neuen Wissenschaftsverständnisses: ethische Einbindung der WissenschaftlerInnen in gesellschaftliche Normen, die auf höchstem Respekt vor der

Schöpfung basieren. Dadurch kann die Begrenzung des Wissenschaftsbetriebes erreicht werden. - Nicht alles, was machbar ist, darf gemacht werden!

Allein um die bestehenden globalen Krisenerscheinungen darzustellen, werden ständig Bücher produziert, die oft mehrere hundert Seiten füllen. Viele davon sind dennoch nur grobe Skizzen der sich anbahnenden "Megakrise" der Menschheit, weil sie nur unzulänglich das unvorstellbare menschliche Leid schildern können, das täglich weltweit unnötig entsteht.

Seit einigen Jahren wird sogar die Möglichkeit diskutiert, daß der Fortbestand der Menschheit, auf mittlere Sicht gesehen, akut gefährdet ist, weil wir Menschen mit den Grundlagen der Schöpfung so umgehen, wie der berühmte "Elefant im Porzellanladen".

Sieben existentielle Menschheitsherausforderungen und die Vision des Dritten Weges

Ossip K. Flechtheim hat in seinem Spätwerk "Ist die Zukunft noch zu retten?", das bewußt allgemeinverständlich konzipiert und geschrieben wurde, "sieben existentielle Herausforderungen für die Menschheit" angeführt:

1. Rüstungswettlauf und Krieg
2. Bevölkerungsexplosion und Hunger
3. Bedrohung und Zerstörung der Umwelt
4. Wirtschaftskrise und Überplanung
5. Demokratiedefizit und Repression
6. Kulturkrise
7. Krise der Familie und Identitätsverlust des Individuums.(1987)

Er hat bewußt als ersten Punkt "Rüstungswettlauf und Krieg" genannt, weil insbesondere das 20. Jahrhundert die grausamsten und opferreichsten Kriege in der Menschheitsgeschichte registriert hat. Zudem können kriegerisch ausgetragene Konflikte durch die Gefahr des Einsatzes nuklearer, biologischer und chemischer Waffen immer destruktiver werden. Nach dem Zweiten Weltkrieg wurden nur 26 Tage gezählt, an denen keine Kriege stattfanden. Das Jahr 1991 setzte beispielsweise durch den Golfkrieg zur "Befreiung" Kuwaits, vom 17. Januar bis zum 28. Februar, zwischen dem Irak auf der einen, und den Vereinigten Staaten, sowie den verbündeten NATO-Ländern auf der anderen Seite, die düstere Kriegsbilanz des 20. Jahrhunderts drastisch fort. Dabei wurden erstmals die modernsten konventionellen Waffen eingesetzt, weshalb er auch als erster sogenannter "High-Tech-Krieg" in die Kriegsgeschichtsschreibung eingegangen ist.

Flechtheim, der schon in den frühen 40er Jahren die "Kritische Futurologie" begründet hat, der bedeutende Leistungen zur Rechts- und Staatstheorie, Analysen zur Entwicklung des Kommunismus und parteipolitischen Entwicklung in Deutschland nach 1945 in mehreren Bänden vorgelegt hat und sich seit Jahrzehnten aktiv in der Zukunfts- und Friedensforschung engagiert, mahnt eindringlich, diesen sieben "globalen Challenges" auf internationaler Ebene rasch zu begegnen. Er sieht dafür Chancen in einem *Dritten Weg,* der eine Synthese zwischen Elementen von Sozialismus und Kapitalismus bildet. Diese Synthese bezeichnet er als *Ökosozialismus*. Er schrieb: "... Wir denken bei dem Begriff eines Dritten Weges an eine Synthese von sozialistischen und demokratischen Elementen, wie sie im Osten und im Westen zu finden sind. Insofern bieten gewisse demokratisch-sozialistische Programmpunkte einen möglichen Ausgangspunkt. Dennoch ist es wohl alles andere als ein Zufall, daß so mancher heute zögert, sich einfach zum Sozialismus, welcher Prägung auch immer, zu bekennen. Es gibt wenige Begriffe, die so vieldeutig sind wie dieser und so oft mißbraucht wurden und werden - man denke an den 'realen Sozialismus' oder gar an den Nationalsozialismus. Trotz aller Enttäuschungen wollen wir auf den Terminus Sozialismus dennoch nicht verzichten. Warum sollte nicht auch den Sozialisten recht sein, was den Christen oder Demokraten billig ist, die trotz des doch uralten Mißbrauchs der Begriffe Christentum und Demokratie an ihnen festhalten?

... Freilich wird man den Begriff Sozialismus qualifizieren müssen - als Globalsozialismus, Humansozialismus und Ökosozialismus. Der Globalsozialismus will jedwede Identifikation mit dem Staat in Frage stellen - auch mit einem noch so demokratischen Staat. Ein wirklich funktionierender Sozialismus ist heute und morgen wohl nur innerhalb von Großräumen wie etwa Europa oder gar nur im Weltmaßstab möglich. Der Globalsozialismus ist daher pazifistisch und universalistisch. Er fordert eine neue Form des Föderalismus, der bis hin zu einer Weltföderation reichen muß.

Der Begriff Humansozialismus soll den Gegensatz zu jeder Art von autoritärem Kollektivismus unterstreichen. Ein humaner Sozialismus nimmt die Traditionen des Liberalismus, Radikalismus (im englischen Sinn des Wortes) und Anarchismus wieder auf. Vom opportunistischen Reformismus unterscheidet er sich durch das Bekenntnis zu radikalen Strukturreformen, vom Revolutionarismus durch den Glauben an die Möglichkeit der gewaltfreien Revolution.

... Während der Global- und Humansozialismus an alte und starke Traditionen im Sozialismus anknüpft, ist der Begriff Ökosozialismus durchaus neu. Mit diesem Terminus tritt die Umweltproblematik, die bisher von fast allen Sozialisten und Kommunisten (mit Ausnahme etwa von Karl Liebknecht) sträflich vernachlässigt worden ist, in den Mittelpunkt unserer Betrachtung. Unter Ökosozialismus verstehen wir hier eine Konzeption, die die Grenzen des Wachstums ernst nimmt und immaterielle Werte und eine neue Frugalität der Konsumsucht entgegensetzt." (1987, 216-217) Damit gibt Flechtheim eine Antwort auf die Probleme der bestehenden Wachstumsgesellschaft, die nicht fähig ist, die Ursachen der ökologischen und sozialen Krisen an ihren Wurzeln zu beheben, sondern fortwährend soziales und ökologisches Krisenmanagement betreibt. Zudem hat er mit seiner

Definition eines *Dritten Weges* weitsichtige Perspektiven entworfen, die durch den Zusammenbruch des "real existierenden Sozialismus" nun aktueller denn je sind. (1987, 215-247) Flechtheims *Dritter Weg* ist heute eine wichtige Grundlage zur politischen Zukunftsgestaltung geworden, weil die Vision des "real existierenden Sozialismus" entfallen ist und der Kapitalismus nicht "nur" ökologische und materielle Wachstumsgrenzen erreicht hat, sondern auch, weil er keine Möglichkeiten bietet, die Diskrepanzen zwischen Reichtum und Armut zu verringern. Anzuführen ist, daß Ossip K. Flechtheim die Vision des *Dritten Weges* noch ausführlicher als in seinem Spätwerk schon viele Jahre vorher in "Der Kampf um die Zukunft. Grundlagen der Futurologie" darstellte. (1980)

Ich konstantiere, daß für die Menschheit *neue politische Visionen* sehr dringlich sind, weil sich seit Beginn der 90er Jahre die Welt *politisch* in einem "Vakuum" befindet (Ende des "real existierenden Kommunismus" mit Ausnahme von China, Korea-Nord, Kuba und einige Länder in Asien) sowie die gleichzeitige tiefe Krise des Kapitalismus.).

PolitikerInnen sind mit der bestehenden Form der Demokratie und des kapitalistischen Systems überfordert, die Krisen in ihren Ursachen zu lösen. Sie betreiben daher fast nur noch Krisenmanagement und sind nicht in der Lage, tiefgreifende Reformen zur Lösung der ökologischen, sozialen, wirtschaftlichen und politischen Krisen durchzuführen. Dieses politische "Vakuum" hat auch zur Parteienverdrossenheit vieler Menschen geführt und zur Tatsache, daß zu wenige Menschen Verantwortung für die Neugestaltung der Zukunft übernehmen.

Der Rest des ersten Buchteils wird sich nun neben der Vermittlung von *Zukunftswissen* und dem Aufzeigen von "mutmachenden Bewegungen" (neue soziale Bewegungen) damit beschäftigen, welche Ansatzpunkte es zur Lösung der globalen Zukunftsprobleme gibt und in welchen Bereichen *Politikversagen* und Handlungsdefizite vorzufinden sind.

Wir benötigen neue Formen des globalen Zusammenlebens und der internationalen Zusammenarbeit, um unseren Kindern und Enkeln im 21. Jahrhundert eine lebenswerte Welt zu sichern. Perspektiven und Entwürfe sind dafür vorhanden. Eine davon hat der oben zitierte Ossip K. Flechtheim entworfen. Ich habe bewußt seine Vision des *Dritten Weges* an dieser frühen Buchstelle aufgeführt, um schon am Anfang aufzuzeigen, daß es an realistischen Zukunftsentwürfen, insbesondere im Hinblick auf eine neue Politik, nicht mangelt

Einige unserer Enkel und Urenkel werden noch das 22. Jahrhundert erleben. Sie brauchen für ein menschenwürdiges Leben eine intakte Biosphäre und eine internationale Völkergemeinschaft, in der es Krieg, Hunger und Elend nicht mehr geben darf. Wir dürfen nicht zulassen, daß uns *die Kinder der Gegenwart* und die Folgegenerationen vorwerfen, wir hätten nichts gegen die Ursachen der Zerstörung der Natur im 20. Jahrhundert unternommen. In diesem Kontext dient diese Arbeit dem Fortbestand der Gattung Mensch.

Etwas differenzierter argumentierte der ungarisch-amerikanische Physiker, Leo Szilard, der im Jahre 1940 Albert Einstein zu dem berühmten Brief an Präsident Roosevelt in den komplizierten und weittragenden Überlegungen zum Atombombenprojekt (Manhattan-Projekt) drängte, und sich später leidenschaftlich gegen einen möglichen atomaren Holocaust engagierte. Er sagte einmal: "Auf dem Papier sieht es so aus, als ob unsere Welt mit einer Wahrscheinlichkeit von etwa 85% zugrunde gehen wird, weil die Menschen nicht vernünftig genug sind. Ich lebe aber für die 15% Chance, für die 15% Hoffnung des Überlebens!"

Würde man das bestehende Zukunftswissen breiter Bevölkerungskreise, sowie die menschlichen und wissenschaftlich-technischen Potentiale auf das Ziel der Minderung menschlichen Elends richten anstatt auf Machterhaltung und materielle Bereicherung, so hätten wir noch immer beste Chancen, daß sich die Zukunftsprobleme der Menschheit nach und nach lösen ließen.

Ist die letzte These pure Utopie oder muß sie als die große Aufgabe der Menschheit für die nächsten Jahrzehnte aufgefaßt werden? Die Antwort ist von zwingender Logik: Es bleibt uns nichts anderes übrig, als die Herausforderungen der Zukunft anzunehmen, *denn wir müssen in ihr leben.*

Würden sich alle verantwortlich Denkenden und Handelnden und die maßgebenden EntscheidungsträgerInnen in Politik, Wirtschaft, Wissenschaft, Technik und Kultur dafür aussprechen, daß die Zukunftsprobleme nicht zu lösen seien und man die Dinge so läßt, wie sie sind, so würden wir Gefahr laufen, daß die Menschheit in eine fatalistisch geprägte Zukunft gerät. Krisen würden dann ausufern, präventive Maßnahmen in allen Bereichen menschlichen Handelns könnten nur unzureichend ergriffen werden. Außerdem würde sich die Palette irreversibler Schäden mit Sicherheit noch bedenklicher erhöhen. *Die menschliche Natur legt aber ein solches Verhalten nicht fest! Die Geschichte hat immer wieder gezeigt, daß Menschen und ihre Gesellschaftsformen überaus zukunftsorientiert angelegt sind, und sie ihre Planungen auf das Kommende, auf das Morgen ausrichten. Der Mensch ist von Natur aus kein untätiger Fatalist.* In der Vergangenheit und Gegenwart wurden und werden weltweit Menschenrechte eingeklagt. Von der überwiegenden Mehrheit der Völkergemeinschaft werden kriegerische Konflikte geächtet. Zudem zogen sich die Kolonialmächte aus "ihren" Kolonien in den 50er Jahren zurück, und seit den 80er Jahren ist weltweit eine Demokratisierungswelle global zu beobachten, um nur ganz wenige Aktivitäten aufzuführen. Ebenso ist zu konstatieren, daß sich die Zahl der Menschen, die sich für die Verwirklichung von Visionen engagiert und beispielsweise Konzepte zur humanen und ökologischen Zukunftsgestaltung entwickelt, ständig erhöht. Nicht vergessen werden darf, daß großes geistes- und naturwissenschaftliches Wissen vorliegt und unglaublich viel technisches

Know-how vorhanden ist, um im Prinzip eine Weltgesellschaft zu konstituieren, in der Krieg, Hunger, Elend und Zukunftsangst nicht mehr vorhanden sind.

Zusammengefaßt gilt Hölderlins Wort: "Wo Gefahr ist, da wächst auch das Rettende!"

Die Wohlhabenden müssen handeln, nicht die Armen!

Heute drohen der Menschheit die Erfolge auf den Gebieten der Ernährung, der Gesundheit, des industriellen Wirtschaftens und der rasanten wissenschaftlich-technischen Entwicklung zum Verhängnis zu werden. Es herrscht die scheinbar paradoxe Situation vor, daß die Erfolge der Landreformen in Verbindung mit gesundheitlicher Vorsorge in den Ländern der Dritten und Vierten Welt die Menschheit vor das fast unlösbare Problem der Bevölkerungsexplosion stellt. Aus den Anfangserfolgen in den ersten Dekaden des 20. Jahrhunderts wurden spätestens seit den frühen 60er Jahren bedrohliche Mißerfolge: Massenhunger, Elend, materielle sowie medizinische Unterversorgung kennzeichnen heute weite Teile der Dritten und Vierten Welt. Die industrielle Wirtschaftsweise hat dazu geführt, daß sich täglich die Armut weltweit ausdehnt und global gesehen, immer weniger Menschen an den Errungenschaften der wissenschaftlich-technisch geprägten Industriegesellschaft partizipieren. Nur 25% aller Menschen verfügen über 80% aller Produktionsstätten und Ressourcen. Diese Diskrepanz ist eine große Gefahr für den Frieden in der Welt.

Am Vorabend des 21. Jahrhunderts sind also die Aufgaben, die in der näheren Zukunft, oder besser gesagt, *augenblicklich,* weltweit zu lösen sind, so zahlreich, schwierig und akut, daß unbedingt mehr Menschen die künftigen Entwicklungen mitgestalten müssen.

Wir, in den wohlhabenderen Ländern der Welt, sind verpflichtet, an ökologischen Reformen in den Industriegesellschaften und an gerechteren weltwirtschaftlichen Strukturen zugunsten der armen Länder mitzuwirken. *Wir wissen wesentlich mehr über die Lage der Menschheit und die Ursachen der Krisen in anderen Regionen. Zudem werden Veränderungen, die wir einleiten, grössere Wirkungen erzielen als die der Menschen in den armen Ländern.* Diese Feststellung ist keinesfalls despektierlich gegenüber den Menschen in den nicht oder kaum industrialisierten Ländern gemeint. Sie besagt nur, daß dort faktisch weniger Möglichkeiten bestehen, weil sich die Bevölkerungen jener Länder weniger mit diesen Fragestellungen beschäftigen können.

Die Mehrheit der Menschen in den wirtschaftlich schlecht entwickelten Ländern des Ostens und bevölkerungsreichen Ländern des Südens ist gezwungen, täglich um die nackte Existenz zu kämpfen. Wir dürfen daher den armen Ländern nicht vorwerfen, daß sie mit ihrer dramatischen demographischen Entwicklung große Zukunftsprobleme aufwerfen. Die Ursachen dafür sind nicht einmal durch die Menschen auf den drei Kontinenten der Dritten Welt entstanden, sondern sind auf den Kolonialismus der Europäer und auf falsche Entwicklungsstrategien im 20. Jahrhundert zurückzuführen, worauf ich später noch näher eingehen werde.

Thesen für eine globale "Wachstumswende"

In meinem, im Jahre 1988 erschienenen, Buch "Wachstumswende. Chance für die Zukunft" habe ich für eine globale Wende vom dominierenden quantitativen Wachstum und einer universellen Hinwendung zum qualitativen Wachstum in den verschiedensten Bereichen menschlichen Denkens und Handelns geworben. Die von mir geforderte "Wachstumswende" schließt Veränderungen in der industriellen Produktion ein; eine für die Dritte Welt wesentlich verbesserte und mit neuen Zielvorstellungen versehene Weltwirtschaftsordnung; eine andere Sozialpolitik;

Veränderungen im globalen Kulturbetrieb; neue politische Visionen und vor allem konsequentes Herangehen an den ökologisch verträglichen Umbau der Industriegesellschaften und zusätzliche Maßnahmen zum Abbau des Hungers und Elends in den Ländern der Dritten und Vierten Welt. Das Fazit dieses Buches lautete: "Die Wachstumswende kann in den Industriegesellschaften konkreter Bestandteil des allgemeinen Bewußtseins werden, wenn endgültig Abschied genommen wird von der Erwartungshaltung der permanenten Quantifizierung materiellen Wachstums. Jeder muß erkennen, daß materielle Genügsamkeit und eine global orientierte, ökologische Lebensweise nicht Askese, sondern ein sinnerfüllteres Leben bedeutet. Die Menschen, die sich trotzdem dem alten Paradigma verbunden fühlen, werden lernen müssen, daß der Industrialismus nur ein Übergangszeitalter bedeutet, das seine Versprechungen nicht einlösen kann und wird.

Jeder ist aufgefordert, in seinem persönlichen Einflußbereich dafür zu werben, daß eine *Wachstumswende* für die Mehrheit bedeuten sollte:

- *Wachstum in den Bereichen zu stoppen, wo es anderen Menschen in irgendeiner Form schadet,*
- *Wachstum zu stoppen, wo es ökologisch unverträglich ist bzw. der Flora, Fauna und Biosphäre schadet,*
- *Wachstum zu stoppen, wo es zur raschen Erschöpfung der natürlichen, nichtregenerierbaren Ressourcen führt,*
- *Wachstum den Menschen zu ermöglichen, die es zum Überleben benötigen,*
- *Verzicht zu leisten, um anderen Menschen die Existenz zu sichern,*
- *Kosten, Nachteile und 'Unbequemlichkeiten' in Kauf zu nehmen, um in einer ökologisch verträglichen Welt zu leben,*
- *sich mit einem ökologisch angepaßten und bescheidenerem materiellen Lebensstandard zu begnügen,*
- *psychisches Wachstum ins Zentrum der Lebensziele zu stellen,*

- *sich vom Gigantismus und von den Mythen des Industrie-Gesellschafts-Paradigmas abzuwenden, und diese durch die Wertorientierungen im eigenen Lebensbereich zu verändern, entsprechend dem nachindustriellen Paradigma,*
- *sich nicht 'treiben zu lassen' und auf das neue Paradigma zu warten, sondern aktiv dazu beizutragen, daß es verwirklicht wird,*
- *sich den Besitzlosen, Hungernden, Unterdrückten, Schwachen und Verfolgten dieser Welt solidarisch zu zeigen, wo immer nur möglich,*
- *sich als Teil der Menschheit zu sehen und dementsprechend ganzheitlich, vernetzt, zu denken und zu handeln; sich immer in Wechselwirkung mit allen Lebensformen unserer Welt zu erkennen."* (Mittelstaedt 1988, 238-240)

Aspekte der neuen sozialen Bewegungen

Bahnt sich die Zeit einer neuartigen globalen Zukunftsbewegung an, die aus den unterschiedlichsten sozialen Bewegungen heraus nun gemeinsam bzw. in einem Netzwerk mehr an der Gestaltung der Zukunft teilnimmt, und die zuletzt genannten Thesen umzusetzen versucht? Wer das konsequente Vorgehen und das quantitative Anwachsen der neuen sozialen Bewegungen, die weltweit seit den 70er Jahren hervorgetreten sind, verfolgt, den überrascht diese These nicht. Menschen, die sich für eine neue Zukunftsgestaltung auf den unterschiedlichsten Ebenen engagieren, arbeiten daran, daß sich in den nächsten Jahren ein globales "Zukunftsnetzwerk" bilden wird. Dieses hat das Ziel, die Perspektiven für lebenswerte Zukünfte zu verbessern und möglichst viele Menschen mitverantwortlich in die Gestaltung wünschenswerter gesellschaftlicher Entwicklungen einzubinden. (Anm. d. A.: ZukunftsforscherInnen benutzen "Zukunft" mehrheitlich im Plural, weil sie sich auf die "eine" Zukunft nicht beschränken wollen. So wie es in der Welt eine Vielzahl von Wirklichkeiten gibt, die das Kommende prägen wird, so wird es auch viele *mögliche Zukünfte* geben. Auch der Herausgeber des Duden gibt diese mögliche Pluralform seit dem Jahre 1980 an!)

Aber es sind zu wenige Menschen, die in der Gesellschaft gestalterisch, z.B. in ihren Berufen, in der Freizeit, in Gewerkschaften, Parteien, Vereinen oder Verbänden im Sinne einer wirksamen Neuorientierung zu einer humanen und ökologischen Gesellschaft, mitwirken. Um nicht mißverstanden zu werden: Wir alle sind gestalterisch für die Zukunft, sprich für den nächsten Moment, tätig. Jedoch noch ist nur eine Minderheit dabei, die ausgetretenen Pfade gesellschaftlicher Gestaltung neu zu überdenken, und neue Formen der Zukunftsgestaltung zu entwickeln und sie in den Alltag zu integrieren.

Auflistung von sozialen Bewegungen, die etwa seit dem Jahre 1970 entstanden sind:

1. Die Heranbildung einer global denkenden, ökologisch und basisdemokratisch ausgerichteten Gegenökonomie (auch als alternative Ökonomie bezeichnet). In der Bundesrepublik Deutschland leben mindestens 450.000 Menschen von dieser Wirtschaftsform. In allen anderen kapitalistisch geprägten Industriegesellschaften sind analoge Größenordnungen zu beobachten, die die Tendenz zeigen, sich auszuweiten.
2. Die Qualität und Quantität der Bürgerinitiativen, die die Gestaltung ihrer unmittelbaren Lebenswelt kreativ und selbstverantwortlich mitbestimmen, die sich gegen Großtechnologien und für überschaubare, dezentrale, sanfte Technologien einsetzen, die sich gegen technokratische Entscheidungen aufbäumen und Alternativen für ein humanes Zusammenleben konzipieren und in ihre Lebens-

welt einbringen. Viele Bürgerinitiativen nutzen das Alltagswissen ihrer Mitstreiter, also auch das der älteren Menschen sowie der Kinder.

3. Die Anti-Atomkraft-Bewegung in den westlichen Industriegesellschaften.
4. Neue Verkehrskonzepte (z.B. in der Bundesrepublik Deutschland durch den ADFC (Allgemeiner Deutscher Fahrrad Club) oder den VCD (Verkehrsclub für die Bundesrepublik Deutschland e.V.).
5. "Betroffenenbewegungen": Feministische Bewegung, Wohngemeinschaften, Graue Panther, AIDS-Selbsthilfe, Frauenhäuser, Drogenhilfe, Schuldnerberatung, Verbraucherberatung u.a.
6. Das Anwachsen der Zahl von unabhängigen Einzelpersönlichkeiten und privaten Organisationen, die sich mit den unterschiedlichsten Methoden dafür engagieren, daß menschliches Leid reduziert wird, und wünschenswerte Zukunftsperspektiven realistische Chancen bekommen: Umweltorganisatisationen, Dritte-Welt-Initiativen, Frauenbewegung, Zukunfts- und Friedensforschung, Wissenschaftsläden, WissenschaftlerInnen unterschiedlichster Disziplinen, WissenschaftsdissidentInnen, KonsumverweigererInnen als Beispiele.
7. Die Arbeitnehmerstrategien des britischen Rüstungskonzerns Lucas Aerospace, anstatt Rüstungsprodukte, sozial nützliche Güter zu entwickeln und zu produzieren. Diese sind zwar in der Praxis am Widerstand des Managements im Konzern im Jahre 1982 gescheitert, jedoch haben die ArbeitnehmerInnen in ihrer Freizeit eine ganze Reihe wertvoller Produkte erfunden, die heute schon in Rüstungskonzernen bei der Produktionsumgestaltung dienlich sind. Dieses Beispiel hat Schule gemacht und dient auch anderen Rüstungskonzernen in aller Welt als Grundlage. In einigen europäischen Ländern dienen Mili-

tärfahrzeuge- und Flugzeuge zunehmend mehr der Umweltsanierung. Der Brite Mike Cooley (Träger des Alternativen Nobelpreises 1982) war einer der InitiatorInnen dieser Idee bei Lucas Aerospace. Er hat über die Umgestaltung von Produktionsanlagen der Rüstungsindustrie in sozial nützliche Produktionen ein hochinformatives Buch geschrieben. (Cooley 1982)

8. Die Verbreitung von Zukunftswerkstätten in Europa und den Vereinigten Staaten und die Tatsache, daß sich seit Jahrzehnten mehr Menschen mit Zukunftsfragen und -chancen beschäftigen als jemals zuvor.

Um den dringend notwendigen ökologischen Umbau in den Industriegesellschaften voranzutreiben, werden die neuen sozialen Bewegungen von immenser Bedeutung sein, weil sie Alternativen zum bestehenden Industrialismus nicht nur theoretisch vorbereiten, sondern auch engagiert in die Praxis umsetzen.

Der deutsch-schwedische Wissenschaftler, Jakob von Uexküll, stiftet seit dem Jahre 1980 den *Alternativen Nobelpreis (*Right-Livelihood-Award, engl.; Stiftung für verantwortungsbewußte Lebensführung). Diese Auszeichnung, die jeweils am 9. Dezember eines Jahres in Stockholm vergeben wird, haben bisher mehr als 50 Persönlichkeiten und Institutionen erhalten, die zur Lösung drängender Menschheitsprobleme beigetragen haben. Sie sind eindeutig den neuen sozialen Bewegungen zuzuordnen.

Durch diesen Preis werden beispielhafte Initiativen zur Zukunftsgestaltung gefördert und erhalten mehr Öffentlichkeit. Unter dem Titel "Projekte der Hoffnung. Der Alternative Nobelpreis" haben Jakob von Uexküll und Bernd Dost im Jahre 1990 die Reden der meisten PreisträgerInnen veröffentlicht. (Uexküll)

Aufklärung der breiten Öffentlichkeit - eine unentbehrliche Notwendigkeit

Können aber Personen, Gruppen oder Institutionen, die zwar erkannt haben, daß sie "im Falschen leben", überhaupt ein richtiges Leben glaubwürdig formulieren, wo sie doch durch das falsche Leben Tag für Tag mehr oder weniger "korrumpiert" werden? Mein letzter Satz, viele werden es festgestellt haben, ist mit Theodor W. Adorno gesprochen, der oft gesagt und geschrieben hat: "Es gibt kein richtiges Leben im falschen". Adorno hat damit aber nicht gemeint, daß sich falsches Leben bzw. eine Gesellschaft, die sich mehr Probleme schafft, als sie die vorhandenen zu lösen versteht, nicht weiterentwickeln kann. Er hat zusammen mit anderen Philosophen und Soziologen, zu nennen sind hier insbesondere Max Horkheimer und Herbert Marcuse, die "Kritische Theorie" formuliert und auf Aufklärung gesetzt. Aufklärung über Krisen und Chancen kann die Selbstzerstörungstendenz der Menschheit am Vorabend des 21. Jahrhunderts erheblich einschränken und die humanistischen Fortschrittsideale zur gesellschaftlichen Kraft weiterentwickeln. (Horkheimer und Adorno 1969) Heute benötigen wir dringend eine breitere Basis für eine neue Aufklärung, aus der in einer relativ kurzen Zeitspanne eine Zukunftsgestaltung resultieren muß, die die großen Zukunftsfragen zu beantworten versteht und die Basiskonzepte, wie sie etwa in Flechtheims *Dritten Weg* beschrieben sind, zu verwirklichen beginnt.

Mehr Detailwissen, um über die Herausforderungen der Zukunft reden zu können und ebenso die zahlreichen Möglichkeiten, sie human und ökologisch umzubauen, sollte konkreter Bestandteil im Wissen möglichst vieler Menschen werden und die Botschaft enthalten, daß eine globale Sicht der Dinge, Abstriche an der permanenten Quantifizierung materiellen Wachstums, und eine durchdachte ökologische und humanistische Lebensweise für uns nicht Askese, sondern ein sinnerfülltes, besseres Leben bedeuten wird. Es muß mehr und mehr in die Köpfe und Herzen der Menschen dringen, daß das Fortschrittskonzept des Industrialismus in völlig neue Richtungen gelenkt werden muß. Zudem muß erreicht werden, daß das bestehende Industriegesellschafts-Paradigma, auch von den im Übergang zum Industrialismus befindlichen Ländern (sog. Schwellenländern), nicht weiterhin kopiert wird.

Nachfolgend werden erste Hintergründe vermittelt, die aufzeigen, wie sehr die bestehenden Wert- und Handlungsmuster beispielsweise auch zum sogenannten "Treibhauseffekt" beitragen. (Anm. d. A.: Als Treibhauseffekt wird die Erwärmung des globalen Klimas durch die Anreicherung der Atmosphäre durch Kohlendioxid (CO_2) und anderen klimarelevanten Spurengasen bezeichnet. Diese Anreicherung vermindert die natürliche Reflexion der Sonneneinstrahlung von der Erde in den Weltraum, was zur unnatürlichen Aufwärmung der Erde führt. Der Treibhauseffekt gilt neben dem sogenannten "Ozonloch" als gefährlichster Umweltschaden.) Der bereits eingesetzte "Treibhauseffekt" kann nur erfolgreich eingedämmt werden, wenn für die zu Beginn aufgeführten "zentralen Grundfragen der Menschheit" eine neue Zukunftsgestaltung ernsthafter verfolgt wird und zwar auf allen gesellschaftlichen Ebenen und durch mehr internationale Zusammenarbeit.

Hintergrundwissen zum "Treibhauseffekt"

Wenig industriell entwickelte Länder benötigen autarke Entwicklungskonzepte unter größtmöglicher Beibehaltung nichtindustrieller Wert- und Handlungsmuster. Ansonsten droht z.B. die vorhandene Fehlentwicklung weiter Teile der Dritten Welt, die seit den 50er Jahren voll auf Industrialisierung nach dem Beispiel Westeuropas und den USA gesetzt haben und weiterhin setzen, zum "Schicksal" anderer Länder zu werden.

Brasilien z.B. hat sich besonders seit den 50er Jahren darum bemüht, das westliche Industrialismuskonzept zu kopieren und wurde diesbezüglich von den westlichen Industriegesellschaften und der Weltbank unterstützt. Dieser als "Entwicklungsweg" deklarierte Versuch ist kläglich gescheitert.

Brasilien hatte im Jahre 1990 rund 122 Milliarden Dollar Auslandsschulden und nur eine kleine Minderheit von rund zehn Prozent der Bevölkerung, die im Wohlstand lebte. Fast neunzig Prozent der Brasilianer leben heute am Rande des Existenzminimums. Nach vorsichtigen Schätzungen der Vereinten Nationen hungern über 250.000 Menschen im Nordostens Brasiliens.

Diese Situation ist dafür mitverantwortlich, daß die tropischen Regenwälder für die devisenbringenden Rinderfarmen sowie den enormen Tropenholzverbrauch der westlichen Industriegesellschaften vernichtet werden, und zwar allein in Brasilien pro Minute um etwa die Fläche eines Fußballfeldes oder pro Jahr in der Größenordnung der Bundesrepublik Deutschland! Anzumerken ist ebenfalls, daß Brasiliens reiche Minderheit erheblich durch das Tropenholzgeschäft und von den Rinderfarmen profitiert.

Ursprünglich bedeckten die tropischen Regenwälder rund 14% der Landmasse der Erde. Heute sind es nur noch 6 bis 7%. Von 1900 bis 1950 wurden etwa 10% aller Regenwälder in Lateinamerika, Afrika, China, Indien und Südostasien vernichtet. Danach wurden bis heute weitere 40% (!) vernichtet. Alle Prognosen über den Fortbestand der Regenwälder sind verheerend. Dabei stellen Regenwälder den Lebensraum mit der größten Artenvielfalt der Erde dar. Mindestschätzungen gehen davon aus, daß 25% aller Tier- und Pflanzenarten unseres Planeten dort leben. Mit der fortschreitenden Zerstörung der Regenwälder verschwindet ein bedeutender Teil der Artenvielfalt. Zudem bewirken Brandrodung und Vernichtung durch Kahlschlag der Regenwälder unübersehbare Folgen für das Weltklima. Ein Teil des "Treibhauseffektes" ist auf diese Zerstörungen zurückzuführen, weil durch Brandrodung und Abholzung der Tropenwälder große

Mengen des klimarelevanten Treibhausgases Kohlendioxid (CO_2) freigesetzt werden und in die Atmosphäre gelangen. Das renommierte Worldwatch Institut hat im Jahre 1988 darüber geschrieben: "Die Wälder spielen im weltweiten Kohlenstoffkreislauf eine zentrale Rolle. In der Vegetation der Erde sind ungefähr 2 Milliarden Tonnen Kohlenstoff gespeichert, annähernd dreimal soviel wie in der Atmosphäre. Wenn Bäume gerodet oder ausgeholzt werden, oxidiert der in ihnen und auch der im Boden enthaltene Kohlenstoff, um dann freigesetzt zu werden und den Kohlendioxid-(CO_2)-Anteil in der Atmosphäre zu erhöhen. Dies geht schnell vor sich, wenn die Bäume verbrannt werden, und langsamer, wenn sie verfaulen. Seit 1860 hat die Zerstörung der Wälder 90 - 180 Milliarden Tonnen Kohlenstoff in die Atmosphäre freigesetzt, die Verbrennung von Kohle, Öl und Erdgas 150 - 190 Milliarden Tonnen." (Brown 1988, 150-151)

Auch die international beachteten Wissenschaftler der Studie "Der Treibhauseffekt. Der Mensch ändert das Klima", Christian-Dietrich Schönwiese und Bernd Diekmann, sind besorgt über die Zunahme des "Treibhauseffektes" durch Abholzung und Brandrodung der tropischen Regenwälder. (Schönwiese und Diekmann 1988)

Der Meteorologe Werner Rabe beschäftigt sich intensiv mit den Folgen des Ozonlochs und des Treibhauseffektes. Im Jahre 1990 schrieb er: "Sämtliche Indizien zeigen eigentlich nur in eine Richtung, auf eine bereits eingesetzte Erwärmung. Alles erscheint auch nur logisch, denn ein erhöhter Treibhauseffekt aufgrund der Zunahme der Spurengase ist eine unumstößliche Tatsache, die schon vor einem Jahrhundert bekannt war. Bei jedem Spurengas stehen die Zeichen auf Zuwachs, einzig bei den FCKW scheint ein Gegentrend einsetzen zu können, wenn politische Absichtserklärungen Realität werden.

Die einzige Frage, um die es sich noch drehen kann, ist, wie stark sich die Atmosphäre erwärmt. 1,5 bis 4,5 Grad Celsius wird als Schwankungsbreite angenommen wenn sich nur das Kohlendioxid verdoppelt, dem ein Anteil von 50 Prozent am Treibhauseffekt zugerechnet wird ... Sicher ist, daß sich die Temperatur weltweit erhöhen wird, wobei anzunehmen ist, daß die Erwärmung, egal, wie hoch sie nun ist, in Äquatornähe weniger, in den polnahen Klimazonen dagegen stärker ausfallen wird. Schon jetzt stellen Forscher und Bewohner der Gebiete Sibiriens, Nordamerikas und Kanadas ein Zurückweichen des Dauerfrostbodens nach Norden fest. Großflächige Messungen der Meereiskappe über dem Nordpol signalisieren einen deutlichen Rückgang der Eisdicke.

Die Meldungen aus der Arktis sind alarmierend: Sie zeigen an, daß das Meer sich wie die Atmosphäre langsam erwärmt. Allein die Erhöhung seiner Temperatur hat eine Ausdehnung des Wassers zur Folge, die den Meeresspiegel ansteigen läßt. Gleichzeitig steigt der Wasserstand durch das Abschmelzen von Festlandeis an, das über Grönland und in einem weit größerem Ausmaß über der Antarktis liegt." (1990, 67-69)

Es wurde errechnet, daß pro Sekunde derzeit rund 1000 Tonnen zusätzliches Kohlendioxid (!) in die Atmosphäre geleitet werden, die durch ineffiziente Verbrennung fossiler Brennstoffe und Brandrodung tropischer Wälder entstehen. (Simonis 17) Das Umweltbundesamt in Berlin hatte für das Jahr 1986 folgende Daten zum Kohlendioxid-Ausstoß veröffentlicht:

Land	*Prozent-Anteil am weltweiten CO_2-Ausstoß*	*Tonnen pro Einwohner und Jahr*
USA	22,3	20,0
UdSSR	17,3	13,3
China	12,1	2,4
Japan	4,3	7,6
BRD (alte Bundesländer)	3,7	11,7
Großbritannien	3,1	11,8

Indien	2,5	0,7
Polen	2,2	12,8
Frankreich	1,8	7,0
ehemalige DDR	1,7	22,4
Italien	1,7	6,4
Australien	1,1	15,5
Niederlande	0,9	13,8
Spanien	0,8	4,7
Brasilien	0,8	1,3
Belgien	0,5	11,4
Dänemark	0,3	12,8
Griechenland	0,3	5,8

Quelle: Umweltbundesamt, Hg. *Daten zur Umwelt* 1988/89. Berlin: Erich Schmidt Verlag, 1989.

Wichtig sind folgende Zahlen, mit denen wir beispielsweise ausrechnen können, wieviel Kohlendioxid (CO_2) durch eine Autofahrt in die Atmosphäre ausgestoßen wird:

1 Liter Benzin = 2,32 kg CO_2
1 Liter Kfz-Diesel = 2,63 kg CO_2
1 Liter Binnenschiffsdiesel= 2,70 kg CO_2
1 Liter Kerosin = 2,52 kg CO_2

Quelle: Der Bundesminister für Umwelt, Naturschutz und Reaktorsicherheit, Hg. *Umweltpolitik. Bericht des Bundesministers für Umwelt, Naturschutz und Reaktorsicherheit zur Reduzierung der CO_2-Emissionen in der Bundesrepublik Deutschland bis zum Jahr 2005*. Bonn: 13. Juni 1990, 49.

Dazu ein paar Zahlen:
Ein Automobil, das pro 100 Kilometer 9 Liter Benzin verbraucht, stößt bei einer Fahrleistung von 20.000 Kilometern im Jahr fast 4,2 Tonnen Kohlendioxid (CO_2) in die Atmosphäre aus.

Angemerkt sei, daß bei der Verbrennung fossiler Energieträger zahlreiche Emissionen entstehen, die in komplexer Weise die lokale und globale Umwelt beeinflussen. Sie verändern die chemische Zusammensetzung und die Strahlungsbilanz der Atmosphäre und verstärken damit den natürlichen Treibhauseffekt. Es sind hauptsächlich Stickoxide (NO_x), Kohlenmonoxide (CO), Methan (CH_2) und das erheblich klimarelevantere Kohlendioxid (CO_2).

Um aus dem Teufelskreis des "Treibhauseffektes" herauszukommen, muß jede Möglichkeit genutzt werden, auf *fossile Energieträger* zu verzichten und auf *regenerative Energiequellen,* wie Sonne, Wind, Wasser und Biomasse umzusteigen. Ebenso muß der hohe Verbrauch an Rohstoffen in den reichen Industriegesellschaften drastisch reduziert werden, weil für den Abbau bzw. die Förderung, für den Transport und die Bearbeitung von Rohstoffen sehr viel Energie benötigt wird.

Die Zukunftsvision Bertrand Russells

Vor dem Hintergrund dieser großen Herausforderungen, die sich am Vorabend des 21. Jahrhunderts für die Menschheit stellen, sind Visionen und Utopien für eine bessere Zukunft oft der "Motor" für den Beginn einer neuen Entwicklung, die wir zur Zukunftsgestaltung mehr beachten sollten.

Der Philosoph Bertrand Russell hat in einem Interview auf die Frage: "Welche abschließende Botschaft möchten Sie der künftigen Menschheit hinterlassen?" im Jahre 1959 folgende Vision skizziert: "Ich möchte ihr sagen, daß sie in ihrem Wissen eine Macht besitzt, die der Mensch nie vorher gehabt hat. Sie kann diese Macht zum Guten oder zum Schlechten gebrauchen. Sie wird sie zum Guten gebrauchen, wenn sie erkennt, daß die ganze Menschheit eine Familie ist und daß alle zufrieden oder aber alle zusammen elend sein können. Die Zeit ist vorbei, in der eine glückliche Minderheit von dem Elend der breiten Massen lebte. Diese Zeit ist vorüber. Die Menschen werden sich nicht damit abfinden; sie werden es lernen müssen, zu begreifen, daß auch der Nächste zufrieden sein muß, wenn sie selber zufrieden sein wollen. Ich glaube, wenn die Menschen weise erzogen werden, werden sie ein menschenfreundlicheres Wesen haben und es nicht schwierig finden, auch den anderen als eine notwendige Voraussetzung des eigenen Glückes ihr Glück zu gönnen. Bisweilen erschaue ich in einer Vision eine Welt zufriedener Menschen: alle kräftig, alle intelligent, keiner, der unterdrückt, keiner, der unterdrückt wird. Eine Welt von Menschen, die sich bewußt sind, daß ihre gemeinsamen Interessen schwerer wiegen als solche, in denen sie konkurrieren, und die jenen wirklich großartigen Möglichkeiten nachstreben, welche der menschliche Verstand und die menschliche Phantasie ermöglichen. Eine solche Welt, von der ich gesprochen habe, kann existieren, wenn die Menschen sich dazu entschließen." (179-180)

Der große "Intelligenztest"

Die oben genannte Zukunftsvision Bertrand Russells liegt einige Jahrzehnte zurück. Seitdem ist das Wissen der Menschheit beträchtlich angewachsen und damit auch die Möglichkeiten, es gezielter zur Abwendung der drohenden Megakrise der Menschheit, zur Reduzierung menschlichen Leidens in der Welt und zur Annäherung an Visionen und Utopien einzusetzen. In den nächsten Jahren wird es darauf ankommen, wie intelligent das Wissen der Menschheit zur Rettung ihrer eigenen Spezies eingesetzt wird. Es wird vielleicht der letzte "große Intelligenztest" der Spezies Mensch sein!

Der Mensch im Netz komplexer und wechselseitig wirkender Faktoren

Abb. 1:

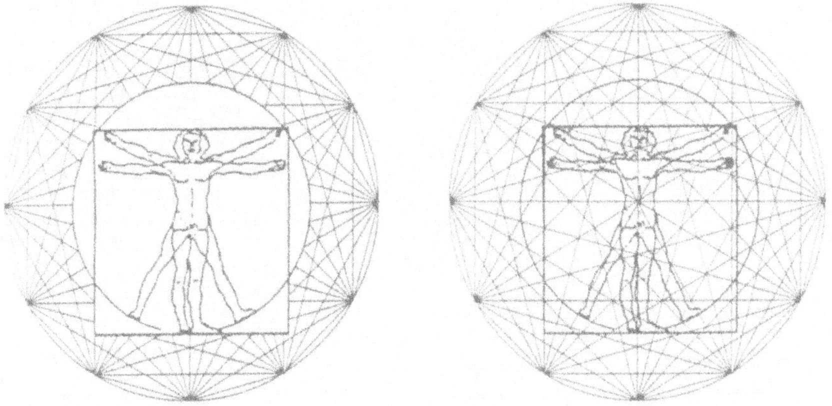

Die linke Grafik zeigt den Menschen inmitten des Netzes hochkomplexer und wechselseitig wirkender Faktoren. Jede Linie symbolisiert menschliche Aktivitäten und die damit verbundenen Probleme in extrem vereinfachter Form. Die Knotenpunkte symbolisieren die Grundfragen und Zukunftskrisen der Menschheit. Für jeden Menschen dieser Welt müßte diese Grafik eine Linie enthalten. Zudem müßten Linien für die Gesamtheit der Umweltbedingungen und materiellen Ressourcen der Erde abgebildet sein, was völlig unmöglich ist. Alle Linien sind miteinander verbundenen und stehen in permanenten Wechselwirkungen zueinander. Damit soll hier auch gezeigt werden, daß alle menschlichen Aktivitäten in unzähligen nichtlinearen Beziehungen zu der globalen Umwelt und der menschlichen Gesellschaft stehen. Es ist dennoch eine optimistisch beeinflußte Abbildung. Sie sagt aus, daß der Mensch, so wie ihn das Universalgenie, Leonardo da Vinci, im 15. Jahrhundert nach römischen Vorbildern malte, noch in der Lage ist, dieses hochkomplexe Netz für eine lebenswerte Zukunft zu beeinflussen und die Menschheit die Krisen meistern kann.

Die rechte Grafik zeigt den Menschen im ausgehenden 20. Jahrhundert. Er ist bereits tief verstrickt im Netz der hochkomplexen Zukunftskrisen. Krisenmanagement anstatt gezielter Zukunftsgestaltung kennzeichnet seine heutige Lage. Die lokalen und globalen Krisen drohen auszuufern. Wird er sich aus dieser Verstrickung befreien können?

Kapitel 2

ERMUTIGENDE ANSÄTZE FÜR EINE NEUE ZUKUNFTSGESTALTUNG UND DER KAMPF GEGEN DIE RESIGNATION

Alternative Zukunftsgestaltung - ein begonnener Trend?

In der Politik, in der Technikgestaltung, in den Wissenschaften, im Bildungswesen, im Städte- und Wohnungsbau, in der Wirtschaft und in Teilen der Bevölkerung kann vorsichtig von erhöhter Bereitschaft gesprochen werden, was Initiativen für eine zeitgemäße, globale Herausforderungen erfassende Zukunftsgestaltung betrifft. (Siehe auch im Kapitel 1 "Aspekte der neuen sozialen Bewegungen".) So ist in den Wissenschaften ein Trend zur unmittelbaren Teilnahme an neuartigen, oftmals avantgardistisch geprägten Zukunftsgestaltungskonzepten zu erkennen.

Man konzentriert sich nicht mehr auf das pure Feststellen von Problemlagen. Ebenso findet das Erarbeiten und Suchen nach Lösungsvorschlägen immer weniger isoliert von der Wirklichkeit statt, sondern es beschäftigen sich zunehmend mehr WissenschaftlerInnen und ManagerInnen aus den Industrien pragmatisch mit der Realisierung von Lösungsstrategien für die großen Zukunftsfragen.

Nachfolgend führe ich einige wenige, aber für diesen Trend durchaus repräsentative, Fakten und Initiativen an, die aufzeigen, daß gute Chancen für den ökologischen Umbau und der Humanisierung der Industriegesellschaft bestehen.

Beispiele von Initiativen für alternativ ausgerichtete Zukunftsgestaltung

In den westlichen Industriegesellschaften ist bei vielen WissenschaftlerInnen immer deutlicher festzustellen, daß sie unmittelbar selbst Einfluß auf die Zukunftsgestaltung nehmen. Sie versuchen beispielsweise große Industriekonzerne davon zu überzeugen, Abteilungen zu errichten, die sich mit langfristigen Problemlösungen für ihr Unternehmen, unter Berücksichtigung der globalen Zukunftsfragen, beschäftigen und dementsprechend ökologische und humane Produkt- und Marktstrategien fördern sollen. ZukunftsforscherInnen in der Bundesrepublik Deutschland arbeiten zusammen mit einigen großen Firmen verstärkt daran, daß Produkte, insbesondere für den Massenkonsum, entwickelt werden, die sich nach Gebrauch quasi selbst entsorgen. Daran arbeiten z.B. das Berliner "Institut für Zukunftsstudien und Technologiebewertung" und das Gelsenkirchener "Sekretariat für Zukunftsforschung". Mitarbeiter beider Institutionen haben zusammen die Zukunftsstudie "Ökologisch produzieren. Zukunft der Wirtschaft durch umweltfreundliche Produkte und Produktionsverfahren" veröffentlicht. (Kreibich 1991) Darin stellen ZukunftsforscherInnen, TechnikerInnen aus der Industrie sowie ExpertInnen für Umweltfragen zahlreiche Ansatzpunkte, Strategien und Richtlinien für eine umweltorientierte Unternehmenspolitik, ökologische Produktgestaltung, verbesserte Recyclingstrategien und entsorgungsfreundliche Gestaltung komplexer Produkte vor, die auch schon in der Praxis angewendet werden.

Ebenso geht man in der Medizin, in der Agrarwirtschaft, ansatzweise in den Chemiekonzernen, in der Architektur, in Automobilkonzernen, in der Rüstungsindustrie (!) und anderen Wissenschafts- und Wirtschaftsbereichen dazu über, langfristige Planungen für die sich rasch verändernden Zukunftssituationen einzubeziehen. Dabei geht der Trend in Richtung "ökologischer und sozialverträglicher Produkte und Produktionen", was die Wirtschaft betrifft; und mehr interdisziplinärer Zusammenarbeit zwischen Natur- und GeisteswissenschaftlerInnen in der Ausarbeitung von theoretischen und praxixorientierten Lösungen für soziale, politische, technische und ökologische Zukunftsfragen.

Die breite Öffentlichkeit ist aus vielfachen Gründen nicht in der Lage, eine alternative Zukunftsgestaltung zu praktizieren, obwohl auch hier ein kleiner Trend zu einer "neuen Kultur der Bescheidenheit" und ökologisch ausgerichteter Lebensweise besteht. Sie kann aber durch kleine Korrekturen in ihren Wert- und Handlungsmustern *entscheidende Impulse* dafür geben, daß sich die maßgebenden gesellschaftlichen EntscheidungsträgerInnen und Institutionen zu Kurskorrekturen in Richtung einer humanen und ökologischen Gesellschaft veranlaßt sehen. Dafür mache ich im letzten Kapitel Vorschläge.

In Politik und Wirtschaft keimt ethisches und ökologisch-humanes Denken. Es wird mehr und mehr eingesehen, daß man den ökologischen und sozialen Zukunftsbedrohungen unserer Welt nicht mehr mit Konzepten, die auf linearem Denken basieren, gerecht werden kann. ManagerInnen in Unternehmen, StädteplanerInnen, KommunalpolitikerInnen und besonders viele jüngere WissenschaftlerInnen erkennen, daß man die Konzepte der Vergangenheit nicht mehr für die Zukunft verwenden darf. Ganzheitliches, nichtlineares Denken ist für ein erfolgreiches Unternehmensmanagement sowie für alle Politik- und Wissenschaftsbereiche notwendig geworden. Lineare Wachstumskonzepte werden den großen Anforderungen, die die internationalen Märkte und sozialen Systeme mit sich bringen, schon lange nicht mehr gerecht. Der Zukunftsforscher Rolf Kreibich schreibt in diesem Kontext: "Die Umsteuerung der Wirtschaft auf ökologischere Produkte und Produktionsverfahren ist vor allem auch eine Angelegenheit der Verbraucher. Es deutet vieles darauf hin, daß die Verbraucher mit zunehmendem Informationsstand über die Folgen umweltschädigender Produkte und Dienstleistungen auf umweltfreundlichere umsteigen ...

... Der entscheidende Schlüssel zur ökologischen Umsteuerung der Wirtschaft liegt bei den Unternehmen selbst. Die Zukunft heißt Einbeziehung des Umweltfaktors als zentrales Unternehmensziel und Entwicklung einer umweltorientierten Unternehmenskultur. Wenn die Unternehmen den Produktionsfaktor 'Umwelt' wenigstens in gleicher Weise wie die Produktionsfaktoren 'Kapital', 'Arbeit' sowie 'Wissenschaft und Technik' in die Unternehmenspolitik und das strategische Innovationsmanagement der Produktentwicklung, der Prozeß- und Verfahrensgestaltung, der Fort- und Weiterqualifizierung der Mitarbeiter, der Arbeitsorganisation, des Marketing und der Absatzorganisation integrieren, wird sich am ehesten, weil wirtschaftlich-selbststeuernd, eine neue ökologieorientierte Wirtschaftsstruktur herausbilden.

Daß das hier gezeichnete Zukunftsbild einer umweltorientierten Wirtschaft keine Fata Morgana ist, beweisen zahlreiche Erfahrungen in Unternehmen mit konkreten umweltproduktiven Produktionsverfahren und Managementstrategien." (Kreibich 1991, 20-21)

Der französische Industriemanager Daniel Goeudevert, Vorstandsmitglied bei der Wolfsburger Volkswagen AG und Mitglied des Club of Rome, engagiert sich seit Jahren für eine ökologische Industriepolitik und zukunftsorientierte, umweltschonende Produktionsverfahren. Unter dem Titel "Die Zukunft ruft. Manager, Märkte, Motoren" hat er ein wichtiges Buch über den Verkehr der Zukunft, die Automobilproduktion, die Umweltprobleme sowie über Wirtschaft und Ethik verfaßt. Darin sind sieben ethische Grundsätze für Unternehmen veröffentlicht. Daraus zitiere ich auszugsweise:

"– Höchstmögliche Produktivität darf nicht auf Kosten der Umwelt gehen.
– Der erarbeitete Wohlstand muß so verteilt werden, daß keine deklassierten Schichten entstehen.

- Die Technik hat dem Menschen zu dienen und nicht der Mensch der Technik.
- Jungen Unternehmern, Managern, aber auch Arbeitnehmern müssen ethische Werte bereits über Schule und Ausbildung zu unabdingbaren Grundsätzen ihren Denkens und Handelns werden.
- Die Wirtschaft dient im Gegensatz zu den Religionen nicht moralischen Normen, sondern der Güterverteilung. Aber sie hat sich überall, wo gesamtgesellschaftliches Interesse dies erfordert, den gültigen und unverzichtbaren moralischen Normen zu unterwerfen." (Goeudevert 1990, 72)

Wohin die linear angelegten Planwirtschaften in den osteuropäischen Ländern und der ehemaligen Sowjetunion geführt haben, wurde deutlich durch den Zusammenbruch des "real existierenden Sozialismus" bewiesen. Ebenso führen lineare Konzepte im Kapitalismus immer mehr zu Firmenkonkursen, Absatzeinbrüchen und zahlreichen gigantischen Fehlinvestitionen einerseits und zu Massenarbeitslosigkeit, Müllbergen, Altlasten, Agrarüberschüssen und ökologischen Krisen andererseits. In der Politik hat das lineare Konzept der Waffenlieferungen in Krisengebiete der Dritten Welt und in die des Nahen- und Mittleren Ostens erheblich dazu beigetragen, daß dort kriegerisch ausgetragene Konflikte entstehen.

Ob sich das lineare Denken, das in der Wirtschaft auf bloße Profitmaximierung oftmals um jeden Preis, (Giftgasanlagen für den Irak und Libyen, Hochrüstung in Krisen- und Armutsgebieten, U-Bootpläne für Südafrika, Atomkraftwerke für Pakistan, minderwertige Nahrungs- und Arzneimittel für Länder in der Dritten und Vierten Welt als Beispiele) ausgerichtet und in der Politik noch immer dominant ist, weiterhin zu einem ganzheitlichen und zukunftsorientierten Denken wandelt, bleibt zu hoffen. Die erfreulichen Entwicklungen, Ansatzpunkte und Denkweisen, die genannt wurden und noch genannt werden, zeigen eine "kleine" Trendwende. Diese ist bei WissenschaftlerInnen schon recht deutlich festzustellen, was nachfolgend skizziert wird.

Zahlreiche WissenschaftlerInnen übernehmen ein hohes persönliches Engagement und setzen sich oftmals beruflichen Repressionen aus, wenn sie z.B. Organisationen gründen, die sich für Frieden, Umweltschutz und neuen Formen von Entwicklungspolitik und vieles mehr einsetzen. Bekannte Beispiele dafür sind das "Global Challenges Network e.V." - GCN, das durch den Direktor des Werner-Heisenberg-Instituts für Physik, Hans-Peter Dürr, mitbegründet wurde. Dürr ist Träger des Alternativen Nobelpreises 1989, den er für seine Kritik am amerikanischen SDI-Verteidigungskonzept und für hervorragende Arbeiten über den Einsatz von Hochtechnologie für friedliche Zwecke erhielt. Das GCN ist ein internationaler Zusammenschluß von WissenschaftlerInnen und engagierten BürgerInnen, die Projekte auf den Gebieten Umweltschutz (z.B. Ostsee-Rettungsinitiativen), Ost-West-Zusammenarbeit und Entwicklungspolitik initiieren und zudem pragmatisch organisieren. Es trägt vorbildlich dazu bei, die Bevölkerung durch die Einbeziehung in Arbeitskreise für ein neues Weltverständnis zu gewinnen, mit dem wichtigen Akzent auf *lokales* Handeln. Darüber hinaus ist die Vereinigung "Internationale Ärzte für die Verhütung des Atomkrieges" (IPPNW) zu nennen, die seit den 70er Jahren intensiv gegen die NATO-Nachrüstung und für friedliche Konzepte der beiden Supermächte eingetreten ist und bis heute von Tausenden von Ärzten aus aller Welt tatkräftig unterstützt wird. Die IPPNW hat im Jahre 1985 den Friedensnobelpreis erhalten und arbeitet auch an Themenstellungen wie etwa Naturzerstörung, Ozonverdünnung, Treibhauseffekt und Zukunftsenergien. Ebenso agiert die Organisation "Naturwissenschaftler-Initiative - Verantwortung für den Frieden - e.V.", die sich aus NaturwissenschaftlerInnen zusammensetzt, die ihr Fachwissen und viel Freizeit für die Wahrung des Friedens einbringen, und Veranstaltungen durchführen, um die Öffentlichkeit einerseits zu informieren und andererseits durch

Wissensvermittlung zu mobilisieren. Diese Organisation sucht intensiv das Gespräch mit der Politik, den Gewerkschaften, der Industrie und Kirche und hat bedeutende internationale Kontakte. Am 02. und 03. Februar 1991 hat die "Naturwissenschaftler-Initiative - Verantwortung für den Frieden" nach nur zweiwöchiger Dauer des Golfkrieges, der am 17. Januar 1991 begann, rund 500 WissenschaftlerInnen zu einem Kongreß in Münster (Westfalen) zusammengeführt. Dort legte der norwegische Friedensforscher Johan Galtung einen zwölf Punkte umfassenden Friedensplan für den Nahen Osten vor. Der Tenor dieses Kongresses lautete, daß sich die Wissenschaft ihrer besonderen Verantwortung für den Frieden bewußt werden müsse. Der auf diesem Kongreß diskutierte "Galtung-Plan für den Nahen Osten" wurde der Bundesregierung vorgelegt, mit dem Appell, sich für ihn stark zu machen. Am Rande dieses Kongresses riefen einige NaturwissenschaftlerInnen dazu auf, als "Anstoß zur Solidarität" ein Netto-Monatsgehalt dem Kinderhilfswerk UNICEF zu spenden, das im Februar 1991 gerade ein Kinderlager in der Kriegsregion einrichtete.

Genannt werden muß auch die "Union of Concerned Scientists" (Union unabhängiger besorgter WissenschaftlerInnen - UCS). Sie hat im Jahre 1986 eine großangelegte Grundlagenstudie zur Bewaffnung des Weltraums (Strategic Defense Initiative - SDI) veröffentlicht, die in ihrer Quintessenz die Schizophrenie des SDI-Projekts unter Einbeziehung des Fachwissens vieler WissenschaftlerInnen in einer leicht verständlichen und in vielen Sprachen veröffentlichten Publikation aufgezeigt hat. Die darin argumentierenden WissenschaftlerInnen sind bestens mit modernster Waffentechnik und Antisatellitensystemen vertraut. (Bethe) Die UCS zählt zu ihren MitgliederInnen den Physik-Nobelpreisträger Hans A. Bethe, den Waffenanalytiker Peter C. Clausen, den Vorsitzenden der amerikanischen Physiker Gesellschaft Kurt Gottfried und den weltbekannten Professor für Astronomie und Weltraumforschung Carl Sagan, um nur einige

Namen zu nennen. Sicher ist, daß die UCS durch die genannte Grundlagenstudie, die ich allen LeserInnen sehr empfehle, und Petitionen sowie Demonstrationen zum Verbot von Weltraumwaffen dazu beigetragen hat, daß zu Beginn der 90er Jahre das SDI-Programm in den Vereinigten Staaten in der breiten Öffentlichkeit und ebenso im Weißen Haus auf Zurückhaltung, gar auf Ablehnung gestoßen ist. Die Finanzierung und Forschung am SDI-Projekt wurde erstmals im Jahre 1989 drastisch eingeschränkt und durch Auflagen erschwert.

Für die vielen tausend Institutionen, die für eine neue Zukunftsgestaltung tätig sind, ist auch das Berliner "Institut für Zukunftsstudien und Technologiebewertung" (IZT) repräsentativ, das der Zukunftsforscher Rolf Kreibich im Jahre 1981 gründete. Heute ist das IZT eines der renommiertesten Institute der Zukunftsforschung in Europa, weil es ihm auf interdisziplinärer Arbeitsbasis immer wieder gelingt, neue, oftmals avantgardistische, Ansätze für eine neue Zukunftsgestaltung zu erarbeiten. Schwerpunktmäßig arbeitet das IZT mit wechselnden MitarbeiterInnen aus den unterschiedlichsten wissenschaftlichen Disziplinen an Zukunftsstudien, Analysen zur Einführung und Entwicklung neuer Technologien sowie deren Abschätzung und Bewertung ihrer gesamtgesellschaftlichen Folgen. Besonderen Akzent legt das IZT auf Strategien zur Technikgestaltung und auf den ökologischen Umbau der Industriegesellschaft. Dabei wird immer das Ziel verfolgt, konkrete Ergebnisse für EntscheidungsträgerInnen in Politik, Wirtschaft und Gesellschaft zu erarbeiten.

Last but not least muß das Freiburger ÖKO-Institut genannt werden. Das seit dem Jahre 1977 bestehende Institut ist ein gemeinnütziger und unabhängiger Verein, der zukunftsorientierte Konzeptionen und alternative Wissenschaft im Kampf für eine menschenwürdige und ökologisch intakte Zukunft ausarbeitet bzw. betreibt. Es setzt sich kritisch, und für Industrielle und PolitikerInnen unüberhörbar, gegen die Gefahren großtechnologischer Anlagen und Konzepte in der Energie-, Agrar- und Chemiewirtschaft ein und kann auf zahlreiche konsensfähige Konzepte verweisen. Das ÖKO-Institut hat bislang dutzende eigenfinanzierter Grundlagenstudien, wie etwa "Energiewende und Kohlepolitik" (ÖKO-Institut 1988), "Gentechnik" (ÖKO-Institut 1988b) und viele Publikationen bei anderen Verlagen, wie etwa "Der Atommüllreport" (Fischer, Hahn, Küppers 1989), Energiewende - Wachstum und Wohlstand ohne Erdöl und Uran" (Bossel 1980) oder "Die Zukunft der Bundesrepublik. Prognosen und Szenarien des ÖKO-Instituts" (Michelsen 1988) veröffentlicht. Diese haben in ihrer Gesamtheit sicherlich dazu beigetragen, daß sich zumindest in der Bundesrepublik Deutschland viele verantwortliche ZukunftsgestalterInnen in Wirtschaft und Politik von dem Ideenreichtum der MitarbeiterInnen des ÖKO-Instituts, von der konstruktiven Kritik an den bestehenden Großtechnologien und der vorherrschenden Umweltpolitik inspirieren und in manchen Entscheidungen leiten ließen. Das ÖKO-Institut hatte im Jahre 1990 fünfzig Städte und circa 5.000 BürgerInnen als Mitglieder und steht in der Bundesrepublik Deutschland als Synonym für alternative Wissenschaft, die viele Probleme des Industriesystems erst diskussionsfähig machte, wie z.B. das Waldsterben und die Vernichtung der tropischen Regenwälder bereits im Jahre 1982. Durch eine "Muttermilchstudie" wurde schon im Jahre 1981 auf die weitreichende Vergiftung unserer Lebensgrundlagen hingewiesen. Auf den "Treibhauseffekt" wies das ÖKO-Institut bereits Mitte der 80er Jahre hin. Im Prinzip hat diese Einrichtung, die sich primär durch die Spenden ihrer Mitglieder und das Erstellen von Gutachten und Studien finanziert, alle brisanten Probleme der Industriegesellschaften bearbeitet. Die großen Verdienste des ÖKO-Instituts liegen im hohen Engagement vieler WissenschaftlerInnen, die eine Karriere in Hochschulen, Forschungsinstituten oder der Wirtschaft ablehnen und lieber eine wesentlich schlechter bezahlte, aber unabhängige und alternative Wissenschaft im Dienste der Menschheit betreiben.

Es würde nicht schwer fallen, noch hunderte derart zielgerichteter Initiativen, die rund um den Erdball zu finden sind, aufzuführen. Sind sie vielleicht in wenigen Jahren diejenigen, die im Mittelpunkt der Weltöffentlichkeit stehen werden, weil sie das Schlimmste, die Häufung aller Krisen zu einer unlösbaren Megakrise, verhindern konnten? Robert Jungk hat bereits zu Beginn der 70er Jahre ein Buch verfaßt, in dem er Initiativen und Menschen beschrieb, die sich für eine neue Zukunftsgestaltung überall auf der Welt engagieren. Er nannte sie "Jahrtausendmenschen". (Jungk 1973) Interessierte LeserInnen können in den Büchern "Netzwerke. Vernetzungen und Zukunftsgestaltung" (Burmeister 1991) und "On alternative ways of studying the future" (Dahle 1991) nachlesen, wie sich weltweit ein Netzwerk alternativer Zukunftsgestaltung etabliert hat. In beiden Büchern werden die Aktivitäten von WissenschaftlerInnen zahlreicher Initiativen aufgeführt und dessen Zukunftsrelevanz als Netzwerk unterstrichen.

Angesichts der großen Menschheitsfragen, zu deren Lösung besonders diejenigen beitragen müßten, die an ihrer Entstehung und Expansion maßgeblich beteiligt waren und sind, muß es viele Wirtschaftsbosse, IndustriemanagerInnen und PolitikerInnen nachdenklich stimmen, wenn festgestellt wird, daß die Impulse für eine humane und ökologisch ausgerichtete Zukunftsgestaltung aus Kreisen der alternativen Wissenschaft, von den neuen sozialen Bewegungen sowie von GesellschaftskritikerInnen, AussteigerInnen und nur wenigen PolitikerInnen kommen. Wichtig ist, daß die alternativ ausgerichtete Zukunftsgestaltung die Konzepte liefert, die dann dringend erforderlich sind, wenn sich eines Tages in der Politik Menschen durchsetzen, die mit der Humanisierung und mit dem ökologischen Umbau der Gesellschaft Ernst machen.

Die dringende Umgestaltung der Menschheit mit ökologischen und humanen Hauptzielen hat zur Erstellung der Zukunftsstudie "Global 2000" Ende der 70er Jahre beigetragen. (Council of Environmental Quality und das US-Außenministerium 1981) Sie erteilt detailliert Auskunft über den globalen Zustand der Weltbevölkerung, Umwelt und Rohstoffreserven. Ferner sind in diese Studie empirisch belegte Trends aufgenommen, aus denen bei Extrapolation hervorgeht, wie sich die Weltbevölkerung, die Umwelt unseres Planeten und der Bestand aller Ressourcen bis zum Ende des 20. Jahrhunderts quantitativ und qualitativ entwikkeln werden. Diese über 1500 Seiten umfassende Studie, die von WissenschaftlerInnen zahlreicher Disziplinen im Auftrag des damaligen US-Präsidenten James Earl Carter in rund dreijähriger Arbeit erstellt wurde, ist eine Auflistung von alarmierender Tragweite. "Global 2000" zeigt auf, daß selbst bei erfolgreichen Anstrengungen, die Weltkrisen einzudämmen, sich die Schäden in der Biosphäre erst noch vergrößern, die Weltbevölkerung weiterhin wachsen wird und die Rohstoffe immer knapper und teurer werden. Damit dokumentierte man, daß selbst bei großen Anstrengungen und sozialen, wirtschaftlichen, sowie politischen Kurskorrekturen sich das Massenelend und der Hunger in der Dritten Welt noch ausweiten, Wüsten weiterhin expandieren, Tier- und Pflanzenarten aussterben werden und sich die allgemeine Fähigkeit des Planeten Erde, Leben zu erhalten, gefährlich reduzieren wird.

"Global 2000" belegt Zeile für Zeile, daß es höchste Zeit zum Handeln, zum Umsteuern und zu einer neuen Zukunftsgestaltung ist und appelliert an die Handelnden in Politik, Wirtschaft und Wissenschaft. Leider muß festgestellt werden, daß sich das Spektrum der absehbaren Zukunftskrisen wesentlich vergrößert hat. Ernst Ulrich von Weizsäcker nannte auf dem Zukunftskongreß der SPD mit dem Thema "Wissenschaft und Reformpolitik", der im März 1991 in Mainz stattgefunden hat, folgende Daten:

"– Wir verlieren *pro Sekunde* etwa 3000 m^2 Wald auf der Erde und ungefähr 1000 t Mutterboden.

– Wir gewinnen dafür etwa 1000 m^2 Wüste, produzieren etwa 1000 t Treibhausgase und weltweit etwa 1000 t Schutt und Müll *pro Sekunde* !"

Die Zukunftsprobleme, die täglich durch neue Katastrophenmeldungen verstärkt werden, sind auch ein Grund dafür, weshalb sich einerseits immer mehr Menschen den alternativen Zukunftsgestaltungskonzepten und neuen politischen Visionen verpflichtet fühlen, sich andererseits jedoch überall auf der Welt auch Resignation breit macht, die zur Bewältigung der Zukunftskrisen ein gefährliches Hindernis darstellt. Resignation darf im Bemühen um wünschenswerte Zukünfte niemals dominieren, weil ansonsten die Probleme wirklich unlösbar werden.

Es stellt sich angesichts der großen Aufgaben und Probleme der Zukunft für viele Menschen immer wieder die Frage nach dem Sinn ihrer Bemühungen, wenn sie sich für wünschenswerte Zukünfte engagieren und dennoch Tag für Tag erfahren müssen, daß die Krisen überall auf der Welt expandieren. Es ist ein Kampf "David gegen Goliath", wie es z.B. die Aktionen von Greenpeace oder Robin-Wood immer aufs Neue verdeutlichen. Dieser Tatsache sind sich viele Menschen bewußt. Hier liegen die Gründe für die Resignation vieler junger Menschen, die sich deswegen kaum gesellschaftlich engagieren wollen. In einer ersten gesamtdeutschen Untersuchung über Wertvorstellungen der Jugend in Ost und West wurde ermittelt, daß weniger als fünf Prozent der 15- bis 18jährigen SchülerInnen in einer politischen Jugendorganisation tätig sind, obwohl die Wertvorstellungen von deutlich über 60 Prozent der 2000 Befragten eher zu linken weltanschaulichen Gruppen tendieren. (Frankfurter Rundschau)

Der vielseitig engagierte Zukunftsforscher, Robert Jungk, tritt seit Jahrzehnten in Dutzenden von Büchern, Zeitschriftenartikeln und Tausenden von Veranstaltungen energisch für die notwendige Umgestaltung der Industriegesellschaften ein. Dafür hat er Menschen in allen Teilen der Welt aufgesucht, die auf unterschiedlichste Weise an Projekten arbeiten, die dazu beitragen, daß diese Welt menschlicher und gerechter wird, die Vielfalt und Schönheit der Natur erhalten bleibt, menschliches Leid, wo immer nur möglich, abgebaut wird, und daß die menschlichen Fähigkeiten im Sinne einer Seinsorientierung weltweit gefördert werden.

Robert Jungk hat immer wieder gute Argumente gegen die Resignation angeführt. Ein von ihm im Jahre 1988 erschienenes, in der Presse hochgelobtes Buch, trägt den Titel "Projekt Ermutigung - Streitschrift wider die Resignation". Darin führt er Beweise an, daß viele kleine Veränderungen in der Risikowelt multinationaler Konzerne und scheinbar unerschütterlicher Denk- und Handlungsweisen bei gesellschaftlich relevanten EntscheidungsträgerInnen, wenn sie nur beharrlich und fantasievoll durchgeführt werden, große Wirkungen entfalten können.

Im Jahre 1990 hat Robert Jungk seinen ersten Katalog der Hoffnung herausgegeben. Darin sind 51 mutmachende Modelle für Anfänge eines anderen Umgangs von Menschen mit Menschen, mit Natur und Umwelt und vom Widerstand gegen die Strukturen, die die Zukunft des Lebens bedrohen, aufgeführt. In der Einleitung schreibt er: "Wir gewöhnen uns daran, mit Katastrophen zu leben. Nichts wäre leichter, als zu resignieren. Nichts verständlicher. Dennoch: Wir können uns den Luxus der Verzweiflung nicht gestatten. Denn dies ist die einzigartige historische Situation, in der wir leben: Das durch großtechnische Gewalt angerichtete Unheil ist unumkehrbar, ist irreparabel. Ungewollte zivile oder gewollte kriegerische Katastrophen schlagen Wunden, die nicht mehr heilen können. Danach gibt es keinen Wiederaufbau, keine Regeneration. Nur vorbeugend können wir zu handeln versuchen ...

... Die oft nur embryonalen Modelle anderer gesellschaftlicher Verhaltensweisen und Bedingungen, die wir in hoffentlich periodisch erscheinenden 'Katalogen der Hoffnung' ans Licht einer breiteren Öffentlichkeit bringen wollen, können mit den überalterten real existierenden gesellschaftlichen Institutionen sehr wohl in Konkurrenz treten, wenn wir ihre künftigen Entwicklungsmöglichkeiten betrachten. Noch sind nur wenige von ihnen wirklich originell und radikal genug. Aber vermehrte Zuwendung und Anerkennung könnten für gesellschaftliche Erfindungen, soziale Innovationen und Experimente ein Klima schaffen, das befruchtet, beflügelt und die Hoffnung auf eine neue lebenserhaltende, lebensfördernde Zivilisation immer aussichtsreicher macht." (1990, 7-14)

Dieser erste Katalog der Hoffnung sollte Pflichtlektüre für all diejenigen werden, die bislang kein oder nur ein "inneres Engagement" für Aktivitäten alternativen Denkens und Handelns an den Tag legen, jedoch nachahmenswerte Modelle zur Orientierung benötigen.

Kapitel 3

EIN PLÄDOYER FÜR NEUE WERTORIENTIERUNGEN

Zur Zukunftsgestaltung sind die unterschiedlichsten Bemühungen von Bedeutung, die neue Wertorientierungen unterstützen und dadurch eine "neue Ethik" formulieren und "einklagen" helfen. Dadurch wird bewirkt, daß sie mehrheitsfähig wird. Neue ethische Wert- und Handlungsmuster bilden die Grundlage für eine humane und ökologisch ausgerichtete Zukunftsgestaltung.

Bei der großen Mehrheit von gesellschaftlich relevanten EntscheidungsträgerInnen kann von neuen Wertorientierungen, die Respekt vor den Menschen und den Grundlagen der Schöpfung in ihren Handlungen erkennen lassen, kaum die Rede sein. Überwiegend werden Entscheidungen verabschiedet und "verantwortet", die nicht von diesen Wertorientierungen geprägt sind. Sie sind von Überzeugungen geleitet, die angesichts der zugespitzten Weltkrisen oft ins Zynische hineinreichen. Die durch den Golfkrieg zu Tage getretenen Lieferungen von Waffen und Chemiefabriken in Krisengebiete der Welt bilden dabei nur die Spitze eines riesigen Eisberges.

Noch viel zu selten gelangen PolitikerInnen in Positionen, die sich für den notwendigen humanen und ökologischen Umbau der Industriegesellschaften engagieren. Das aber "wollen" scheinbar die WählerInnen so, weil sie noch immer die wachstumsorientierten und primär strukturkonservativen Parteien wählen oder überhaupt nicht wählen gehen, was die weltweit sinkenden Wahlbeteiligungen belegen. Deswegen ist es "immer wieder verwunderlich", daß viele Entscheidungen von PolitikerInnen in der breiten Öffentlichkeit heftig kritisiert werden, aber dieselben Parteien und PolitikerInnen oft wiedergewählt bzw. bei Neuwahlen von den WählerInnen erneut im Amt bestätigt werden, wie z.B. in England (Die regierende konservative Partei unter der Führung von John Major wurde im April 1992 wiedergewählt.), den Vereinigten Staaten (Der Republikaner, Georg Bush, konnte die Wahlerfolge seines Vorgängers, Ronald Reagan, im Jahre 1989 eindrucksvoll bestätigen.) oder der Bundesrepublik Deutschland (Im Dezember 1990 gewann die CDU/CSU/FDP-Regierungskoalition, die seit dem Jahre 1982 regiert, die ersten gesamtdeutschen Bundestagswahlen.).

Nachfolgend ein paar prägnante Feststellungen darüber, wie durch Entscheidungen von gesellschaftlich relevanten Institutionen, die letztlich durch die BürgerInnen über demokratisch gewählte Parteien legitimiert werden, die Optionen zur Gestaltung wünschenswerter Zukünfte eingeengt und reduziert werden.

Wer eine Autobahn genehmigt, der entscheidet nicht "nur" darüber, daß zahlreiche Landschaften ge- oder zerstört, Pflanzen und Tiere geopfert und gefährdet werden, sondern auch über die allgemeine, oftmals beträchtlich reduzierte Lebensqualität der Menschen, die in der Nähe dieser Autobahn leben müssen. Er entscheidet ebenfalls über einen Zeitraum, der lange Zeit die Zukunftsgestaltung der Gebiete entlang der Autobahn determiniert. Bei Kernkraftwerksbauten beispielsweise wird dieser Zeitraum alleine schon durch die über Jahrtausende radioaktiv strahlenden Abfälle extrem ausgeweitet. Damit werden die Zukunftsoptionen für die Menschen vieler Generationen eingeengt. Nachfolgende Generationen müssen mit den Altlasten, die gegenwärtig durch das ökologisch unangepaßte Industriesystem entstehen, leben. Die Altlasten, mit denen wir heute konfrontiert werden und durch die wir größte Probleme haben, stammen zum Teil noch aus dem 19. Jahrhundert. (Daher auch der Begriff *Alt*lasten!) Alleine in der Bundesrepublik Deutschland rechnet man für die nächsten Jahrzehnte mit über 100.000 Altlasten-Standorten.

Zahlreiche Belastungen, die wir seit Jahren der Biosphäre zumuten, führen zu immer gravierenderen Schäden und vermindern so die Lebensbedingungen aller Menschen, bedrohen die Lebensbereiche der Tiere und gefährden die Pflanzenwelt. Als relativ naheliegendes Beispiel ist das gesamte Gebiet der ehemaligen DDR zu nennen, das durch industrielle Altlasten nun schwere "Neulasten" für die gesamte Bundesrepublik Deutschland aufwirft. Alleine die ökologische Sanierung des Gebietes der ehemaligen DDR, also der neuen Bundesländer, wird viele Milliarden DM kosten, wobei ein Großteil der Schäden auch mit Geld nicht mehr zu beheben sein wird, da diese irreversibel sind.

Es könnten noch viele Beispiele angeführt werden, die immer zu der Aussage gelangen, daß durch die Nichteinbeziehung der ökologischen Grundlagen in unsere Wert- und Handlungsmuster nicht nur die Welt von morgen, sondern auch von übermorgen, mit an Sicherheit grenzender Wahrscheinlichkeit verschlechtert wird.

Das Industriesystem des 20. Jahrhunderts hat durch seine schleichenden Zerstörungen für unsere Kinder und Enkel große Nachteile geschaffen. Im zu Beginn der 80er Jahre erschienenen Buch "Der lautlose Tod. Das Aussterben der Pflanzen und Tiere" hat das Ehepaar Anne und Paul Ehrlich detailliert und beklemmend ausgeführt, wie der Mensch durch die Ausrottung anderer Arten letztlich sich selbst auszurotten droht. (1983) Bis zum Jahre 2000, so haben WissenschaftlerInnen ermittelt, werden täglich 137 und damit jährlich 50.000 Arten aussterben. (Durrel)

Neue Wertorientierungen und ethisch begründete Handlungsmuster werden immer wichtiger, weil die zentralen Herausforderungen an die Menschheit rasche Umorientierungen erfordern.

Hinzu kommt das oftmals verdrängte Bewußtsein in breiten Bevölkerungskreisen, daß unsere materiell ausgerichteten Wert- und Handlungsmuster, Produktionsverfahren sowie unser Energiehunger und Zwang zu fast unbegrenzter Mobilität quasi eine "Spur der Verwüstung" in den Landschaften, Flüssen, Seen und Weltmeeren hinterlassen, und enorme Benachteiligungen für die Menschenmassen in den armen Ländern nach sich ziehen.

Nach einem im Frühjahr 1992 veröffentlichten Bericht des UNO-Bevölkerungsfonds (UNFPA) werden Mitte 1992 knapp 5,5 Milllarden Menschen auf der Erde leben. Jährlich kommen, durch das schnellste Bevölkerungswachstum aller Zeiten, 97 Millionen Menschen hinzu. Das Bevölkerungswachstum konzentriert sich auf Afrika, Asien und Lateinamerika. Mindestens 800 Millionen Menschen werden auf den schon heute übervölkerten drei Kontinenten der Dritten und Vierten Welt in nur zehn Jahren hinzukommen, wenn das derzeitige Bevölkerungswachstum anhält. Weitere 100 Millionen Menschen werden in dieser Zeitspanne in der stark konsumorientierten Ersten und der zunehmend am Westen orientierten Zweiten Welt hinzukommen. Nach Schätzungen der Vereinten Nationen wird die Weltbevölkerung im 21. Jahrhundert auf mindestens 10 Milliarden (optimistische Variante) und mögliche 12 bis 13 Milliarden Menschen (pessimistische Variante) ansteigen und sich dann auf diesem hohen Niveau einpendeln. Die Zahlen, die sich nur innerhalb einer Dekade ergeben, sind dramatisch: 100 Millionen Menschen mehr in den Industriegesellschaften bedeutet, daß jeder von ihnen durchschnittlich pro Jahr mindestens 6 Tonnen Kohlenstoffemissionen (CO_2) zusätzlich in die Erdatmosphäre abgibt, also insgesamt jährlich 600 Millionen Tonnen. Zusätzliche 800 Millionen Menschen in den armen Ländern bedeutet z.B., daß sich der Teufelskreis der Armut immer schneller drehen wird, denn schon im Jahre 1991 war die Biosphäre unseres Planeten für die damals lebenden 5, 3 Milliarden Menschen überlastet. Während der fünf Jahre, die ich an diesem Buch gearbeitet habe, wuchs die Weltbevölkerung um mindestens 400 Millionen Menschen, also etwa um die Zahl der Menschen, die in den Vereinigten Staaten von Amerika (250 Mio.), der Bundesrepublik Deutschland (79 Mio.), Frankreich (56 Mio.) und Griechenland (10 Mio.) leben. In dieser Zeitspanne wuchsen auch weiterhin die Diskrepanzen in der materiellen Versorgung zwischen den armen und reichen Ländern.

Der Weltbankatlas des Jahres 1987 gab folgende Zahlen für das Bruttosozialprodukt (BSP) in verschiedenen Ländern für das Jahr 1985 an. Diese Daten verdeutlichen die große Kluft zwischen den armen und reichen Ländern. Die Tendenzen zeigen, daß sich diese Kluft erst noch vergrößern wird.

Einkommens-gruppen (BSP/Kopf)	Zahl der Länder	Bevölkerung (in Mio.)	BSP (in Mrd. US-$)	BSP pro Kopf (in US-$)
unter 400 $	35	2318	639	280
401 bis 1635 $	47	672	524	780
1636 bis 4300 $	21	472	967	2050
4300 $ und mehr	48	776	9025	11630

Quelle: Bundesministerium für wirtschaftliche Zusammenarbeit, Hg. *Journalisten-Handbuch Entwicklungspolitik 1988*. Bonn: 1988, 231.

Nach Untersuchungen der Vereinten Nationen waren im Jahre 1990 rund 30 Millionen Menschen auf der Flucht vor Krieg, politischer Verfolgung, Hunger, Armut und Umweltschäden. Rund 90% davon stammen aus den Ländern der Dritten Welt und fanden *in anderen Ländern der Dritten Welt* Zuflucht. Die reichen Industriegesellschaften haben große politische Probleme den verbleibenden 10% (3 Millionen) Flüchtlingen Aufenthalt oder Asyl zu gewähren.

So z.B. verbuchten rechtsradikale Parteien in vier europäischen Ländern in den Jahren 1991/92 große Erfolge. Es sind die deutschen rechtsradikalen Parteien, die französische Front National (FN), der Vlaams Blok in Belgien und die norditalienische Liga. Auch die Gewalt gegenüber AusländerInnen hat in den letzten Jahren zugenommen. Was Deutschland betrifft, so ist die Gewalt gegen AusländerInnen aufgrund seiner Geschichte eine große Schande. Übergriffe auf Wohnheime mit AsylbewerberInnen und andere rechtsradikale Gewalt gegen AusländerInnen muß mit massivsten Strafen, vergleichbar mit denen gegenüber AttentäterInnen der Rote Armee Fraktion (RAF), begegnet werden, auch wenn es sich um jugendliche TäterInnen handelt, damit eine abschreckende Wirkung erzielt wird. Parallel dazu muß gründliche Aufklärungsarbeit in den Schulen, in den Medien und in Großveranstaltungen für ein Miteinander mit AusländerInnen betrieben werden. Es muß Menschen klargemacht werden, daß zum Überleben jeder Industriegesellschaft auf AusländerInnen nicht verzichtet werden kann. Wichtig wäre auch, daß die auf Asyl wartenden Menschen nicht in zentralen Unterkünften (Wohncontainer) untergebracht werden, sondern dezentral. Um den Rechtsradikalismus abzubauen, muß zudem unbedingt die Kommunikation der Deutschen mit AusländerInnen, der Franzosen mit den AusländerInnen usw. verbessert werden. Auch das Asylabwicklungsverfahren muß im Sinne aller Beteiligten beschleunigt werden, wobei an Fachpersonal nicht gespart werden darf. Die Abschottungspolitik, z.B. durch Einschränkungen des Asylrechts, wie es seit Jahren alle westlichen Industriegesellschaften betreiben, ist keine Lösung, was die nachfolgenden Passagen dieses Kapitels weiter verdeutlichen.

Wenn in den nächsten Jahren nicht spürbar den armen Ländern geholfen wird, dann werden sich die Flüchtlingsströme erheblich vergrößern. Nach einer Schätzung der Vereinten Nationen werden bis zu 25 Millionen Menschen allein aus den osteuropäischen Ländern nach Westeuropa übersiedeln.

Der im Jahre 1984 verstorbene Präsident des "Club of Rome", Aurelio Peccei, hat sich sehr besorgt über die demographische Entwicklung in den Ländern der Dritten und Vierten Welt geäussert: "... Nach den zitierten Hochrechnungen müßte die Dritte Welt am Ende dieses Jahrhunderts die 5-Milliarden-Grenze erreichen, wo sie schon heute die Hälfte der Menschen nicht einmal anständig ernähren kann; und acht Länder - China, Indien, Indonesien, Brasilien, Bangladesch, Pakistan, Nigeria und Mexiko - würden allein schon fast 60 Prozent der Weltbevölkerung beherbergen. Ich habe das Gefühl, daß *lange bevor diese Prognosen eintreffen, irgendwo eine Krise ausbrechen wird.* Und wahrscheinlich wird es die Vierte Welt sein, also die ärmsten der armen Länder, die den Funken an das Pulverfaß legt. Da oder dort wird die junge Bevölkerung aufstehen und sich weigern, ein hoffnungsloses, elendes Schicksal auf sich zu nehmen, wo man in den überalterten reichen Ländern noch in einem gewissen Überfluß lebt. Man braucht kein Prophet zu sein, um sich vorzustellen, daß es solche Ereignisse geben wird, daß es komplexe und gewaltsam ausgetragene Krisen sein werden, wo mit allen Waffen gekämpft wird, auch den sehr modernen, die die Industrienationen in ihrer Konkurrenz den armen Ländern liefern, und daß sich diese Krisen schließlich wie ein Lauffeuer ausbreiten werden." (1981, 52)

Nur neue Wert- und Handlungsmuster, die durch humanistische Wertorientierungen gestützt werden, können es ermöglichen, daß die Welt von morgen lebenswert bleibt und den "Menschenmassen" in den armen Ländern Perspektiven geboten werden, die nicht zu kriegerischen Konflikten führen werden. Die wichtigsten dieser neuen Wert- und Handlungsmuster wurden schon aufgeführt. Im letzten Kapitel werden die meiner Meinung nach Wichtigsten mit Vorschlägen zum Handeln verbunden.

Erich Fromm untermauerte in seinem berühmten Buch "Haben oder Sein" meine Schlußfolgerungen: "... Die Notwendigkeit einer radikalen menschlichen Veränderung ist deshalb weder nur eine ethische oder religiöse Forderung, noch ausschließlich ein psychologisches Postulat, das sich aus der pathogenen Natur unseres gegenwärtigen Gesellschafts-Charakters ergibt, sondern sie ist auch eine Voraussetzung für das nackte Überleben der Menschheit. Richtig leben heißt nicht länger, nur ein ethisches oder religiöses Gebot erfüllen. Zum erstenmal in der Geschichte hängt das *physische Überleben der Menschheit von einer radikalen seelischen Veränderung des Menschen ab*. Dieser Wandel im 'Herzen' des Menschen ist jedoch nur in dem Maße möglich, in dem drastische ökonomische und soziale Veränderungen eintreten, die ihm die Chance geben, sich zu wandeln, und den Mut und die Vorstellungskraft, die er braucht, um diese Veränderungen zu erreichen." (1976, 19) Die moderne Wissenschaft kann diesen Wandel entscheidend beeinflussen, weil sie im Blickpunkt der Öffentlichkeit steht und ein Beispiel setzen kann.

Zur Bewältigung der zum Teil gigantischen Zukunftsprobleme darf meiner Meinung nach nicht darauf gesetzt werden, die Probleme ausschließlich mit *technischen* und *wissenschaftlichen* Mitteln lösen zu wollen. Besonders in den modernen Wissenschaften muß sich ein *Verantwortungsbewußtsein* und ein *Wertmuster* entwickeln, das bei allen wissenschaftlichen Denk- und Handlungsvorgängen folgende Fragestellungen impliziert:

- kann das zu schaffende Wissen dazu führen, die Lebensgrundlagen unseres Planeten zu gefährden?
- kann das zu schaffende Wissen die Macht der AuftraggeberInnen stärken und somit die Freiheit von Menschen beeinträchtigen?

Die Wissenschaften dürfen sich nicht vor den möglichen Folgen ihrer gewonnenen Erkenntnisse freisprechen. Sie sind deshalb schon lange nicht mehr wertneutral, falls sie es überhaupt jemals wahren. Für die einzelnen WissenschaftlerInnen stellt sich immer dringender die Frage nach dem ethischen und moralischen Standort ihrer Forschung. Dieser sollte dabei im Zweifelsfall immer die Achtung vor den natürlichen Lebensgrundlagen und allen Lebewesen der Erde bewahren.

Kapitel 4

ZWEI MÖGLICHE ENTWICKLUNGSPFADE

Einleitende Thesen

Es gibt zwei mögliche Entwicklungspfade der Menschheit, die wesentlich die Möglichkeiten der globalen Lebensgestaltung im 21. Jahrhundert beeinflussen können. Für eine dieser Richtungen müssen wir uns rasch entscheiden, wobei wir genau genommen eigentlich nur zu entscheiden haben, ob wir "*so weitermachen wir bisher" oder grundlegende Kurskorrekturen einleiten.* Eine Kurskorrektur ist angesichts der zugespitzten Lage der Menschheit nur dann erfolgreich, wenn es in absehbarer Zeit gelingt, zentrale Bereiche der Zukunftsgestaltung qualitativ und quantitativ umzuwerten, das heißt, die darin stattfindenden Entscheidungen im Sinne einer humanen, global gerechteren und ökologisch verantwortbaren Gestaltung unserer Lebenswelt zu verändern. Diese Aufgabe wird nur dann erfolgreich sein, wenn sich möglichst viele Menschen dafür verantwortlich fühlen und ihr Denken und Handeln dementsprechend einsetzen, wobei ich mich mit diesem Satz bewußt wiederhole.

Ein Horrorszenario

Zuerst skizziere ich mögliche Folgen für die Menschheit des 21. Jahrhunderts, wenn weiterhin eine halbherzige Umweltpolitik, ein "Wachstum um jeden Preis" und eine letztlich fatale Dritte-Welt-Politik von den führenden westlichen Industriegesellschaften betrieben wird. Es ist ein "Horrorszenario", das sich weitgehend auf die Fortschreibung der derzeit bestehenden Trends begründet.

Die Industriegesellschaften unternehmen auch in den nächsten Jahren nichts Grundlegendes gegen die immer gravierenderen Schäden, die das bestehende Industriesystem mit seinen Wertorientierungen und Lebensmustern in Natur und Umwelt anrichtet. Sie gehen nicht vom dominierenden "quantitativen" zum "qualitativen Wachstum" über, das dazu befähigt wäre, die Optionen für wünschenswerte Zukünfte zu bewahren. (Mittelstaedt 1988 und 1988b). Die Menschen in den Industriegesellschaften werden weiterhin unter den Zwängen der Konsum- und Ellbogengesellschaft psychisch krank und laufen Gefahr, total zu vereinzeln und zu vereinsamen. (Mittelstaedt 1987)

Die "noch" reichen Länder verweigern weiterhin der Dritten und Vierten Welt gerechte und überlebenswichtige Leistungen in Form von Schuldenerlaß, geänderter Weltwirtschaftsordnung zugunsten der Dritten Welt und großangelegter Unterstützung in der Bevölkerungsplanung, in der Einführung von "sanften Technologien" für die Energieerzeugung, Architektur und Landwirtschaft. Stattdessen beliefern sie diese Länder weiterhin mit Waffen in Milliardenhöhe, "harten Großtechnologien", Industriekomplexen für Produktpaletten, die höchstens dem Export dienen und mit technischem Know-how, das nur Minderheiten nützlich ist.

Sollten die skizzierten Wert- und Handlungsmuster und der Militärisch-Industrielle-Politische-Komplex weiterbestehen, dann wird bestenfalls folgendes Zukunftsbild in den ersten Dekaden des 21. Jahrhunderts eintreten, welches die relativ optimistische Einschätzung als Prämisse impliziert, daß die Entspannungspolitik zwischen allen Ländern, die Atomwaffen besitzen, so weit fortschreitet, daß die Gefahr atomarer Kriege "gegen Null tendiert" und ebenso die jährlichen Militärbudgets in den Industriegesellschaften stark reduziert werden.

In Nordamerika, Kanada, Westeuropa, Osteuropa und Japan wird es zu einer Form von "Rationierungswirtschaft" kommen, in der Lebensmittel, Energie, der gesamte persönliche Konsum an materiellen Erzeugnissen, der Wohnraum, die Urlaubsziele und vieles mehr mengenmäßig reglementiert werden müssen, weil die ökologischen Bedingungen (Luft- und Wasserqualität, Agrarflächen, Wälder, Artenvielfalt, Meere usw.) in einen menschenfeindlichen Zustand geraten, sowie die wichtigsten natürlich begrenzten Rohstoffe nahezu aufgebraucht sind. Viele Großstädte, die noch vor wenigen Jahrzehnten durch Wohlstand und gepflegte Parkanlagen, elegante Einkaufsstraßen und Wohnanlagen geprägt waren, sind größtenteils verslumt. Die überwiegende städtische Infrastruktur ist zudem heruntergekommen. In amerikanischen und westeuropäischen Großstädten hat sich vieles den trostlosen Zuständen derer in Indien oder Südamerika "angeglichen". Ökologisch wird vieles an Leipzig, Halle und Dresden im Jahre 1989/90 erinnern, also an Städte, in denen man im Sommer bei wolkenlosem Himmel wegen der Luftverschmutzung nicht einmal richtig die Sonne erkennen konnte und wo man nachweislich eine um 10% geringere Lebenserwartung hatte als in "normal" belasteten Großstädten.

Der Schriftsteller Günter Grass hatte sich im Jahre 1989 auf einem Club-of-Rome-Symposium sehr besorgt um die Verstädterung der Welt geäußert als er über Calcutta berichtete: "... Jedes Zögern aber oder gar Wegducken vor unseren gegenwärtigen Herausforderungen mindert die ohnehin geringe Möglichkeit, auf Umwälzungen vorbereitet zu sein, die sich heute schon ankündigen und das nächste Jahrhundert bestimmen werden. Was in Calcutta beispielhaft ist, beginnt sich weltweit auszuwirken. Um das Jahr 2000 wird, das sagt die Statistik, mehr als die Hälfte aller Menschen dicht bei dicht in Asien leben. Durch Vorboten jetzt schon angezeigt, werden Völkerwanderungen, denen keine noch so brachiale Abwehr gewachsen sein wird, die Welt und deren angestammtes Gefüge verändern. Eurozentristische oder gar nationale Konzepte könnten sich solchem Ansturm gegenüber nur als lächerlich erweisen. Doch wie auch immer die Industrienationen reagieren werden, eines sei ihrem viel vermögenden

Hochmut schon jetzt gesagt: Calcutta steht vor der Tür und läßt sich nicht abweisen." (1990, 72)

Die allgemeine Qualität des Lebens wird geprägt sein von den schlechten Umweltbedingungen, welche die Luftqualität, die nahezu überall verbauten und von Infrastrukturen zerschnittenen Landschaften sowie verschmutzten Gewässer und Meere bieten. Krankheiten werden zunehmen und die allgemeine Lebenserwartung wird zurückgehen. Die sozialen Probleme (Massenarmut, Alkoholismus, Drogensucht, Arbeitslosigkeit, Kriminalität, Vereinsamung, Entfremdung und Identitätsverlust der Menschen durch Anpassung der Lebensumstände an das herrschende industrielle System) werden unerträgliche Ausmaße annehmen. Die Zukunft der jüngeren Generationen wird kaum Tendenzen zur Besserung zeigen, weil die globalen Krisen und die Irreversiblität der Schäden zu groß sind, um diese in einem übersehbaren Zeithorizont zu lösen, und die ökologischen Reparaturen und natürlichen Selbstheilungs- und Regenerationsmöglichkeiten der Natur sehr lange Zeiträume beanspruchen.

Die Wirtschaft und Politik ist auf "Krisenmanagement" reduziert und begegnet der Unzufriedenheit der Menschen mit rigorosen Methoden, die einem Polizeistaat ähneln. Die Konflikte nehmen auf regionaler Ebene überall zu, so daß z.B. auch der Friede innerhalb der westeuropäischen Länder nicht mehr sichergestellt ist. Es herrscht Katastrophenstimmung...

Schon damals haben sich Menschen mit Endzeitvisionen beschäftigt. Das ausgehende 20. Jahrhundert ist besonders geprägt von Endzeitvisionen und Zukunftsängsten unterschiedlichster Art. Wir leben aber in einer Zeit des Umbruchs und der Erneuerung. Die Teilnahme an der Gestaltung einer lebenswerten Welt muß in den Vordergrund individueller Aktivitäten rücken.

Abb. 2:

Bild: Albrecht Dürer. Die apokalyptischen Reiter. Holzschnitt von 1498 aus dem Zyklus "Apokalypse", der als großartigste Gestaltung von Endzeitvisionen in der Geschichte der Kunst angesehen wird.

Die Industriegesellschaften unternehmen noch in den letzten Jahren des 20. Jahrhunderts wirksame Schritte gegen die fortschreitende Zerstörung von Natur und Umwelt. Sie stellen das bestehende Industriesystem auf ein "qualitatives Wachstum" um. (Mittelstaedt 1988) Zudem unternehmen die westlichen und östlichen Industriegesellschaften und Schwellenländer erste Schritte, um den von Ossip K. Flechtheim skizzierten *Dritten Weg*, also einer Synthese aus kapitalistischen und sozialistischen Wert- und Handlungsmustern, zu beschreiten. (Flechtheim 1980 und 1987)

PolitikerInnen unterstützen und ermutigen die Menschen, die in den "neuen sozialen Bewegungen" ökologisch verträgliche und menschlich angepaßte Wirtschaftsformen entwickeln, sanfte Technologien fördern und Formen materieller Bescheidenheit in alternativen Lebensformen praktizieren. Das Industriesystem wird durch strenge, aber allgemein akzeptierte gesetzliche Regelungen und finanzielle Anreize dazu angehalten, die weit verbreitete Wegwerfmentalität durch Werbung für umweltschonende Produkte und Produktionsverfahren mit geringstem Müllaufkommen zu stoppen. Großtechnologien werden nach und nach durch sanfte und dezentrale Technologien ersetzt, die auch noch dann keine Schäden für Mensch und Umwelt nach sich ziehen, wenn menschliches Versagen zu einer Panne oder Fehlfunktion führt. Das Verkehrssystem und der Berufsverkehr werden verbessert und zugleich eingeschränkt, so daß die ökologischen Schäden des Verkehrswesens für die Biosphäre verträglich werden.

In den Industriegesellschaften des Westens und Ostens wird man die persönliche Lebensqualität mehr an einem möglichst maximalen Zuwachs an Wissen, Erkenntnis, Ausbau von Selbsterfahrung und intakten zwischenmenschlichen Beziehungen messen als an materiellem Komfort. Kinder und ältere Menschen werden nicht mehr wie in den Jahren des "Wachstums um jeden

Preis" aus der Gesellschaft ausgegliedert, sondern geachtet, geschätzt, gefragt und in allen Entscheidungen bestmöglich einbezogen.

Die Arbeitswelt der Menschen wird sich zugunsten nichthierarchischer Organisationen verändern. Teamarbeit wird dominieren. Die Identifikationen der ArbeitnehmerInnen mit den zu erstellenden Produkten und Dienstleistungen wird sehr hoch werden, weil diese weder die natürliche Umwelt belasten noch die menschliche Innenwelt verschmutzen.

Viele Dinge des täglichen Lebens verteuern sich erheblich, zahlreiche Produkte werden vom Markt genommen, da ihre Herstellung und ihr Konsum ökologisch nicht mehr verantwortbar sind. Neue Produkte werden eingeführt, die ökologisch unbedenklich sind. Landschaften, Flüsse, Seen, Meere und Waldbestände werden ökologisch saniert, wobei selbst hohe Kosten von der breiten Öffentlichkeit gerne in Kauf genommen werden. Gefährdete Tier- und Pflanzenarten werden mit großen Aufwendungen geschützt.

Nach den Mustern der Arbeitskonzepte der Internationalen Bauausstellung Emscher-Park, die seit dem Jahre 1989 die ökologische Sanierung des Ruhrgebietes betreibt (Der Minister für Stadtentwicklung, Wohnen und Verkehr des Landes Nordrhein-Westfalen 1988), sowie des ÖKOPOLIS-Projektes in Baden-Württemberg (Lutz 1987) und vieler anderer, auf der Erde begonnener ökologischer Umgestaltungskonzepte, werden diese Ziele unter Beteiligung möglichst vieler Menschen angestrebt. (Lutz 1988)

Entwürfe und Modelle zur Neugestaltung der Lebenswelt aus allen Teilen der Bevölkerung werden nicht mehr von PolitikerInnen und allen anderen wichtigen EntscheidungsträgerInnen abgeblockt und verworfen, sondern zur Bereicherung der Gesellschaften gefördert.

Parallel dazu hilft man den schlecht entwickelten und armen Ländern der Welt mit wirksamen politischen, wirtschaftlichen, industriellen und auch individuellen Mitteln. *Man hat erkannt, daß die Lebensbedingungen in den industriell geprägten Ländern des Nordens sich auf Dauer nur halten lassen wenn für alle Menschen dieser Welt Lebensbedingungen geschaffen werden, die ein gesundes und lebenswertes Leben ermöglichen.* Dabei unterläßt man alle Bestrebungen, die dazu führen könnten, daß das Industrialisierungskonzept des Nordens von den Ländern des Südens kopiert wird. Man fördert Konzepte, welche die Besonderheiten, die geschichtlich-kulturell bedingten Lebensweisen, die geographischen und klimatischen Grundbedingungen der Länder in der Dritten Welt optimal berücksichtigen. Es werden Konzepte sein, die die Autarkie der Menschen dieser Länder bewahren und fördern helfen, also größtmögliche Unabhängigkeit in der Nahrungsmittelversorgung, im Gesundheits- und Bildungswesen, in der Herstellung von städtischer und ländlicher Infrastruktur und der Produktion bzw. Erstellung von Konsumgütern und Dienstleistungen.

Schlußbemerkungen

Es steht fest, daß das Wissen und die technisch-wissenschaftlichen sowie kreativen Ressourcen der Menschheit für die zuletzt ausgeführten positiven Entwicklungsmöglichkeiten schon seit Jahrzehnten vorhanden sind, so daß diese Vision nicht ins Reich der Utopie gehören darf! Ebenso existieren dafür politische Visionen, die durchaus realistisch sind.

Das Einzelne erweist sich immer wieder als unwichtig, aber die Möglichkeit jedes Einzelnen gibt uns einen Aufschluß über das Wesen der Welt.

Ludwig Wittgenstein

Kapitel 5

REDEN IST SILBER, HANDELN IST GOLD!

Einleitung

Die Abwandlung des bekannten Sprichwortes in der Kapitelüberschrift ist auf das zaghafte, angesichts der globalen Herausforderungen zu wirkungslose, Handeln von PolitikerInnen, gesellschaftlichen Institutionen, Konzernchefs sowie große Teile der Bevölkerung bezogen, wenn es darum gehen soll, akute Menschheitsprobleme durch kluges und am aktuellen Wissensstand orientiertes Handeln zu begegnen.

Dieses Kapitel analysiert Hintergründe, daß die durchaus positiven Entwicklungen (neue soziale Bewegungen, alternative WissenschaftlerInnen, zukunftsorientierte Ansätze und Erfolge in der Wirtschaft, Technikgestaltung, Politik sowie der gestiegene Bewußtseinswandel zugunsten der dringend notwendigen ökologischen, sozialen und wirtschaftlichen Umgestaltung der Welt), die im Kontext exemplarischer Daten, Fakten und Trends über die Zukunftskrisen in den ersten Kapiteln aufgezeigt wurden, *völlig unzureichend sind*. Damit wird im letzten Kapitel des ersten Buchteils unterstrichen, wie wichtig es ist, neue Formen der Zukunftsgestaltung auf eine breite gesellschaftliche Basis zu stellen.

Das abschließende Resümee wird dann deutlich machen, welche Grundvoraussetzungen in der Politik und bei den BürgerInnen erforderlich sind, damit eine humane und ökologische Zukunftsgestaltung Wirklichkeit wird.

Über Verantwortung in der Risikogesellschaft

Wir wissen, daß es in vielen Bereichen der globalen Umwelt bereits "kurz vor Zwölf" ist und zahlreiche irreversible Naturschäden bestehen, wie z.B. die Erwärmung der Erde durch den "Treibhauseffekt", die Verseuchung zahlreicher Gewässer, Seen und Meere, die Vernichtung zahlreicher Tier- und Pflanzenarten und die auf sehr lange Sicht verstrahlten Flächen durch den Super-GAU von Tschernobyl sowie durch Atombombentests. Ferner ist hinlänglich bekannt, daß unterlassene Handlungen im Prinzip von den EntscheidungsträgerInnen in Politik und Wirtschaft überwiegend nicht verantwortet werden müssen, weil sich viele Folgen ihrer Entscheidungen und Unterlassungen erst in der Zukunft zeigen, in der die dafür Verantwortlichen nicht mehr zur Rechenschaft gezogen werden oder werden können.

Zunächst einige Anmerkungen aus unterschiedlichen Bereichen.

Was nützt es heute noch den radioaktiv geschädigten Menschen, wenn die Verantwortlichen für den Super-GAU von Tschernobyl vom 26. April 1986 dafür zur Rechenschaft gezogen werden. Die Toten, die Krebskranken, die genetisch geschädigten Menschen und Leukämiekranken, die noch geboren werden und die ruinierten Landstriche werden dadurch auch nicht wieder lebendig oder gesund. (Rund ein Fünftel der weißrussischen Republik wird noch für viele Jahre durch extrem hohe Belastungen des radioaktiven Cäsiums verseucht bleiben. (Bräutigam 1990)) Den unmittelbaren Tod von über 2.500 Menschen forderte das Giftgasunglück am 3. Dezember 1984 im indischen Bhopal. Dieses Giftgas (Methylisocyanat - MIC) wird zur Herstellung hochgiftiger Pestizide verwendet. MIC wird weltweit in einer jährlichen Menge von rund 30.000 Tonnen hergestellt. Es ist sehr wahrscheinlich, daß MIC auch schon andernorts als in Bhopal Menschen geschädigt und die Biosphäre in Mitleidenschaft gezogen hat. (Mittelstaedt 1988, 27-28) Die Folgen von MIC spüren noch viele Menschen in Indien direkt und die nachfolgenden Generationen, die auch noch unter den Spätfolgen dieses Giftgases leiden werden. Sie können ihre Leiden nicht durch das Anklagen der Verantwortlichen, die dann schon zum Teil nicht mehr leben, reduzieren. Ein analoger Sachverhalt trifft für das weltweit künstlich freigesetzte Gift Dioxin zu. Man kann das Unglück der ungezählten Menschen, die weltweit durch Radioaktivität, Gifte, totalitäre Regime, Raubbau an der Natur, ungerechte Wirtschaftsstrukturen, militärische Konflikte, die durch Waffenlieferungen in Krisengebiete mitbedingt werden, und viele andere künstlich hervorgebrachte Katastrophen, nur unzureichend in Worte kleiden. Man muß aber anklagen, daß es zu keiner Zeit in der Menschheitsgeschichte soviel Unrecht, Leid, Hunger und Zerstörung gegeben hat, wie in den letzten Dekaden des 20. Jahrhunderts. Zu ergänzen ist, daß der Anteil der Menschen, die eines natürlichen Todes sterben, weltweit dramatisch sinkt, während immer mehr Menschen eines unnatürlichen Todes sterben, z.B. durch Hunger, medizinische Unterversorgung, Mord oder Selbstmord, Verkehrsunfälle, Drogensucht, Umwelt- und Naturkatastrophen, die durch menschliches Handeln zustande kamen und kommen, und Kriege.

Ebenso bedeutet das Hinauszögern der Einführung einer gerechten Weltwirtschaftsordnung, in der es z.B. stabile und angemessene Rohstoffpreise für die Erzeugerländer in der Dritten Welt geben würde, eine weitere Reduzierung der Überlebenschancen vieler Millionen Menschen in der Dritten Welt. Das kann niemand verantworten, *aber es wird verantwortet* und zwar alljährlich auf den Gipfeltreffen der sieben führenden Industrienationen.

Der Soziologe Ulrich Beck hat die moderne Industriegesellschaft in einer breit angelegten und viel diskutierten Analyse "Risikogesellschaft" genannt, in der bewußt hohe Risiken in Kauf genommen werden, damit das bestehende Industriesystem überlebensfähig bleibt. (1986) Er spricht von "sozial anerkannten Risiken". Ulrich Beck führt dazu folgendes auf: "Sozial anerkannte Risiken, wie dies am Beispiel der Auseinandersetzung um das Waldsterben zum ersten Mal deutlich hervortritt, enthalten einen eigentümlichen politischen Zündstoff: Das, was bislang als *unpolitisch galt, wird politisch - die Beseitigung der 'Ursachen' im Industrialisierungsprozeß selbst.* Plötzlich regieren die Öffentlichkeit und die Politik in den Intimbereich des betrieblichen Managements hinein - in Produktplanung, technische Ausstattung usw. Dabei wird exemplarisch deutlich, worum es im öffentlichen Definitionsstreit um Risiken eigentlich geht: nicht nur um gesundheitliche Folgeprobleme für Natur und Mensch, sondern um die *sozialen, wirtschaftlichen und politischen Nebenfolgen dieser Nebenfolgen:* Markteinbrüche, Entwertung des Kapitals, bürokratische Kontrollen betrieblicher Entscheidungen, Eröffnung neuer Märkte, Mammutkosten, Gerichtsverfahren, Gesichtsverlust. In der Risikogesellschaft entsteht so in kleinen und großen Schüben - im Smog-Alarm, im Giftunfall usw. - *das politische Potential von Katastrophen.* Deren Abwehr und Handhabung kann eine *Reorganisation von Macht und Zuständigkeit* einschließen. Die Risikogesellschaft ist eine *katastrophale Gesellschaft.* In ihr droht der Ausnahmezustand zum Normalzustand zu werden." (1986, 31)

Öko-Schwindel

Seit den 60er Jahren ist zwar das Bewußtsein der Menschen für Umweltprobleme gewachsen und zudem hat das Wissen breiter Bevölkerungskreise um die Sorgen in der Dritten und Vierten

Welt stark zugenommen, jedoch verschlechtert sich die Lage der Menschheit und globalen Umwelt trotzdem von Tag zu Tag. Die Diskrepanz zwischen Krisenbewußtsein auf der einen und daraus resultierenden Wert- und Handlungskonsequenzen auf der anderen Seite nimmt ständig zu.

Auch nützt es wenig, daß zahlreiche Produkte "ökologisch verträglicher" werden, wenn gleichzeitig ihre Produktion stetig zunimmt. Beispiele hierfür sind Waschmittel ohne Phosphate; Sprays, Polstermöbel, Kühlschränke ohne FCKW; Lackfarben ohne chemische Verdünnung; Lebensmittel ohne chemische Konservierungsstoffe; Autoöle ohne Dioxingefahren; Benzin ohne Blei und Automobile mit Drei-Wege-Katalysatoren.

Die breite Öffentlichkeit, Konzernchefs und zahlreiche PolitikerInnen meinen immer noch allen Ernstes, daß das Auto mit Katalysator, das Haus mit Wärmedämmung, der Kauf von ökologisch verträglicheren Produkten, Kohlekraftwerke mit Entschwefelungsanlagen oder der Verzicht auf Plastiktaschen ausreichen würden, um den Zerstörungstrend unserer Welt zu stoppen. *In Wirklichkeit zögern ökologisch angepaßtere Energie- und Industrieanlagen, schadstoffärmere Produktlinien und gewisse "Verzichtsleistungen" im Massenkonsum nur die Probleme hinaus. Sie sind noch immer stark umweltbelastend und zehren an den knapp gewordenen, nicht-regenerierbaren Ressourcen.* Zusammengefaßt bedeutet letzteres: Die meisten Produkte sind zwar in den letzten Jahren wesentlich verträglicher für die Umwelt geworden, was sehr zu begrüßen ist, jedoch wird durch die stetige Mehrproduktion diese "ökologische Anpassung" wieder zunichte gemacht. Dafür folgende Beispiele.

Es ist fast Zynismus, wenn für Drei-Wege-Katalysatoren in Automobilen zu Recht stolz geworben wird, dabei jedoch die Automobilfirmen dazu übergegangen sind, immer aufwendigere und leistungsstärkere Autos zu bauen, die zum Teil sogar schon gedrosselt werden müssen, weil ihre Motoren zu stark sind. Ebenso werden gleichzeitig Automobilentwicklungen, die ökologische Schäden ziemlich gering halten würden, nicht in Serie gegeben. So wird zum Beispiel der sogenannte Öko-Polo des Wolfsburger Volkswagenwerkes, der technisch ausgereift ist und durchschnittlich 3,6 Liter Benzin pro 100 Kilometer benötigt, nicht in Serie gegeben. Über den Öko-Polo merkt das Vorstandsmitglied des VW-Konzerns, Daniel Goeudevert, in seinem Buch "Die Zukunft ruft" folgendes an: "Dieser Super-Spar-Polo verbraucht knapp vier Liter pro 100 Kilometer im Stadtverkehr. Bei ruhiger Fahrweise auf der Autobahn 2,1 Liter und bei zurückhaltender Fahrweise auf der Landstraße 1,7 Liter. Die Spitzengeschwindigkeit des von einem Zwei-Zylinder-Dieselaggregat angetriebenen Sparweltmeisters liegt immerhin bei 138 Stundenkilometern. Von Wolfsburg nach Kiew oder von Wolfsburg bis Marseille reicht eine Tankfüllung. Andere Merkmale des Öko-Polo sind: Besondere Wärmedämmung für den Motor, der lange warm bleibt und somit das Öl dünnflüssig hält; ein hochwirksamer Filter, der kaum noch Rußpartikel aus dem Auspuff herausläßt; eine Abschaltautomatik, die bei jedem Halt den Motor ab- und beim Anfahren sofort wieder einschaltet." (1990, 177-178)

Das Worldwatch Institute hat in diesem Zusammenhang folgendes veröffentlicht: "Die Automobile der Welt verbrauchen zur Zeit durchschnittlich 12,4 Liter Treibstoff pro hundert Kilometer - weit entfernt von den technischen Einsparmöglichkeiten. Die sparsamsten Autos verbrauchen heute etwa 5 Liter Kraftstoff je hundert Kilometer. Testfahrzeuge in den Vereinigten Staaten und Europa gehen noch weit darüber hinaus und erreichen Werte von 3,75 bis 2,25 Liter. Wenn diese Fahrzeuge im Handel sind, ist die Halbierung des Treibstoffverbrauchs nur noch eine Frage der Zeit. Bei einem Durchschnittswert von 6,2 Litern würden 50% mehr Automobile weniger Treibstoff verbrauchen als heute.

Die richtigen Strategien können Einsparungen dieser Größenordnungen innerhalb kurzer Zeit bewirken. Die 1976 in den USA eingeführten Normen für Automobile haben den Verbrauch in etwas mehr als zehn Jahren halbiert, von 16 Litern 1974 auf 8,6 Liter im Jahre 1986. Ein Beschluß der Regierung, den Verbrauch bis zum Jahre 2000 noch einmal zu halbieren, könnte die Zunahme der CO_2-Emissionen sowie des sauren Regens entscheidend verlangsamen." (Brown 1987, 304-305)

Für alle anderen Industriebereiche lassen sich massenhaft ebenso eklatante Unterlassungssünden aufzeigen. Mit der ÖKO-Masche versuchen sich die Konzerne dafür zu legitimieren, daß sie am bestehenden Wachstumskurs festhalten, der schon lange überzogen ist, denn die meisten ökologisch angebotenen Produkte sind immer noch unökologisch, weil sie nachweislich die Umwelt schädigen. Es gibt mittlerweile Firmen, die mit angeblich ökologisch umweltfreundlichen, sogenannten "Bio-Produkten" viel Werbung machen und staatlich nicht anerkannte Aufdrucke "besonders umweltschonend" verwenden, sie jedoch ihre Produkte ökologisch nicht angepaßt haben. Adam Adler und Hanswerner Mackwitz haben sich intensiv mit diesem Problem beschäftigt. Sie kamen in einer Untersuchung zu dem Ergebnis, daß die Mehrheit aller angeblich biologisch und ökologisch unbedenklichen Produkte und ebenso Ver- und Entsorgungskonzepte in den Kommunen in Wirklichkeit noch immer Mensch und Umwelt schädigen. Das Fazit dieser Studie ist eine Anklage an Firmen, die die Umweltprobleme zur Produktionssteigerung ausnutzen. Die Autoren zeigen aber auch Auswege aus dieser Misere auf. (Adler und Mackwitz 1990)

Der Gesetzgeber muß durchsetzen, daß alle Produkte *eindeutig und für die Konsumenten verständlich* auf ihre Umweltverträglichkeit ausgezeichnet werden müssen. Alle Produkte müßten zudem ausweisen, inwieweit sie die natürliche Umwelt und Menschen schädigen.

Weltorganisationen, Symposien und Konferenzen ohne Folgen im Handeln

In den letzten Jahrzehnten wurden immer mehr internationale Organisationen aufgebaut, die sich mit den globalen Einzelproblemen und ihren Zusammenhängen beschäftigen. Nach dem Zweiten Weltkrieg wurden mehrere Dutzend Weltorganisationen gegründet, die ihre Zielsetzungen nicht einlösen konnten und sogar vielfach dazu beigetragen haben, daß z.B. die Probleme für die Menschen in der Dritten Welt immer größer wurden und werden. Herauszuheben sind dabei die Weltbank und die FAO (Sonderorganisation der UNO zur Verbesserung der Ernährungslage der Welt durch Förderung der Landwirtschaft), die im Jahre 1945 gegründet wurde. Die Weltbank, ebenso wie die FAO eine Sonderorganisation der UNO, soll zur wirtschaftlichen Entwicklung, besonders in den Ländern der Dritten Welt, beitragen. So hat sie beispielsweise "Entwicklungskonzepte" mitfinanziert, die dazu beigetragen haben, daß z.B. Brasilien seit den 60er Jahren ein kostenintensives Atomprogramm zur Stromerzeugung betreibt und heute u.a. dadurch überschuldet ist. Außerdem hat die Weltbank noch bis zum Jahre 1991 die Brandrodungen der tropischen Regenwälder zur Schaffung von Weideflächen in Südamerika mitfinanziert, die unermeßliche Nachteile für das Weltklima (Treibhauseffekt), die Eingeborenen im Amazonasgebiet und für die Artenvielfalt der Welt bedeuten. (Erst Mitte Juli 1991 hat die Weltbank der Weltöffentlichkeit mitgeteilt, daß sie Brandrodungen der tropischen Regenwälder nicht mehr finanzieren wird!) Darüber hinaus hat sie in anderen Ländern der Dritten Welt "Entwicklungsprojekte" gefördert, die nicht verhindern konnten, daß dort Menschenmassen hungern, unter dem Existenzminimum leben und ihrer elementarsten Menschenrechte beraubt werden. Die Weltbank hat noch bis in die späten 80er Jahre Entwicklungskonzepte für die Dritte Welt gefördert, die am Entwicklungsparadigma der modernen Industriegesellschaften orientiert waren und trug ungewollt dazu bei, daß eigenständige Entwicklungen in Südamerika, Afrika und Asien und die Förderung sanfter Technologien vernachlässigt wurden.

Die FAO wurde 1944 gegründet und konnte ihren Zielsetzungen nicht gerecht werden: Als diese Organisation gegründet wurde, lebten nicht einmal 2,5 Milliarden Menschen auf der Erde, heute müssen alleine 1,1 Milliarden permanent hungern. So half die FAO in vielen Regionen der Dritten Welt, Konzepte der amerikanischen Superlandwirtschaft zu kopieren und diese finanziell und logistisch zu unterstützen. Die Folgen in Afrika, Südamerika und Indien sind gravierend: Bodenerosion, Kahlschlag von tropischen Regenwäldern und die weitverbreitete Unfähigkeit großer Bevölkerungsteile, eine dezentrale, kostengünstige sowie autarke Landwirtschaft zu betreiben. Heute muß die FAO fast ausschließlich Krisenmanagement in den Hungerregionen der Welt leisten. Ich muß anführen, daß weder die FAO noch die Weltbank Schuld am Hunger in der Dritten Welt haben, sie jedoch im Kampf gegen Hunger und schlechte Entwicklung in den drei Kontinenten der Dritten Welt falsche Konzeptionen angewandt haben und sich von Wertorientierungen leiten ließen, die für die meisten Länder in der Dritten Welt gefährlich waren und sind (z.B. moderne Landwirtschaftskonzepte, Unterstützung für Brandrodungen der Regenwälder bis Mitte 1991). Die Gründe für die großen Probleme in der Dritten Welt sind zudem sehr vielschichtig. Ein wesentlicher Grund ist der Lebensstil in den westlichen Industriegesellschaften, der sich zu einem bedeutenden Teil auf billige Rohstoffe und Arbeitskräfte aus den armen Ländern gründet. Des weiteren, weil die Industriegesellschaften der Dritten Welt Güter, Technologien, Produktionsanlagen und Waffen liefern, die zur Zerstörung ihrer Länder beigetragen haben bzw. noch beitragen.

Über Entwicklungshilfe wird viel geredet, aber bislang war in der Dritten Welt noch *kein* Entwicklungskonzept erfolgreich, daß sich am westlichen Industriegesellschafts-Paradigma orientierte.

Das haben zwar inzwischen viele Verantwortliche eingesehen, aber die Probleme sind derart angestiegen, daß selbst größte Anstrengungen nötig sind, um den armen Ländern durch *Hilfe zur Selbsthilfe* und Hilfe zur Wiederherstellung ihrer autarken Fähigkeiten aus dem Schlimmsten zu helfen.

Es werden fast täglich irgendwo auf der Welt Konferenzen und Symposien abgehalten, in denen immer wieder das Ausmaß der Probleme dargestellt wird und permanent Gegenmaßnahmen und Handlungsstrategien gefordert oder beschlossen werden. Diese sind völlig unzureichend oder werden oftmals gar nicht eingehalten bzw. befolgt. Öffentlicher Druck, der sich glücklicherweise inzwischen überall bemerkbar macht, führt in den politischen Gremien meistens zur Verabschiedung von "guten Vorsätzen" und zu einigen Maßnahmen, die aber wegen der sich verschärfenden Krisen und Zerstörungen nicht ausreichen. Das Programm zur ökologischen Reorganisation des Mittelmeeres, mit großen Parolen verabschiedet, jedoch in der Realität wirkungslos, ist eines von vielen Beispielen in aller Welt dafür, in denen es darum geht, denaturierte Umwelt nach öffentlichen Protesten wieder herzustellen. Zum Mittelmeer noch folgende Daten: Über 95 Milliarden Mark (!) wird bis zum Jahre 2000 allein die Abwasser- und Schlamm-Aufbereitung am Mittelmeer kosten. Dies ergab eine Studie des Zentrums für Innovation und Technik (Zenit) GmbH in Mülheim. Grundlage für diese Studie war die im April 1990 unter dem Namen "Charta von Nikosia" geschlossene Vereinbarung der Europäischen Gemeinschaft und der 18 Mittelmeer-Anrainer, bis zum Jahre 2025 das Mittelmeer und die ganze Region zu sanieren. Bei Schlamm- und Abwasser-Aufbereitung ist Italien am meisten gefordert. Die Kostenschätzung der Zenit GmbH bis zum Jahr 2000 ergab für Italien 37,8 Milliarden Mark, für Spanien 19,8 Milliarden, für Frankreich und Griechenland je 13,2 Milliarden und für Jugoslawien 11,4 Milliarden Mark. (Bild der Wissenschaft, Oktober 1990) Die Wahrscheinlichkeit, daß unter den bestehenden Wirtschaftsstrukturen dieses Mittelmeer-

Sanierungsprogramm konsequent realisiert wird, ist gering, zumal für das Mittelmeer schon seit den frühen 70er Jahren immer wieder Sanierungsprogramme diskutiert werden, jedoch die Lage dieses Meeres immer schlechter wird. Hier wird viel Geld in Sanierungskonzeptionen investiert, die letztlich das Papier nicht wert sind, auf dem sie geschrieben wurden, weil in der Realität nicht oder völlig unzureichend gehandelt wird.

In den Mitteilungen des Wissenschaftszentrums Berlin für Sozialforschung wurde in der Septemberausgabe 1990 über die Theorie eines "Katastrophen-Paradox" in der Umweltpolitik berichtet. Es wurde empirisch nachgewiesen, daß bei besonders hohen Umweltbelastungen gezieltes politisches Handeln ausbleibt, sich jedoch dann Jahre bzw. sogar Jahrzehnte später eine präventive Umweltpolitik einstellt, die aber dann vielfach auch die Belastungshöchstgrenzen in Extremfällen von Umweltkatastrophen politisch ignoriert. Hier einige Auszüge aus dieser Veröffentlichung, die auf der Basis des Buches von Volker Prittwitz mit dem Titel "Das Katastrophenparadox - Elemente einer Theorie der Umweltpolitik" erstellt wurde. (1990): "... Der erste Smogalarm wurde 1979 ausgelöst; im Laufe der 80er Jahre folgten Dutzende weiterer Alarmfälle mit steigender Maßnahmeschärfe. Die Luftverschmutzung, indiziert durch Schwefeldioxid, den Leitschadstoff der Smogalarm-Regelung, lag in diesem Zeitraum jedoch unterhalb der Belastung in den 70er Jahren und weit unterhalb der Belastung in den 60er Jahren, als kein einziges Mal Smogalarm ausgelöst worden war.

Auch in einem anderen Fall, dem des Strahlenschutzes, ergibt sich eine Gegenläufigkeit der meßbaren Umweltbelastung einerseits und des umweltpolitischen Anspruchs- und Handlungsniveaus andererseits: Während der 70er Jahre war das Anspruchsniveau des Strahlenschutzes bei sinkender Strahlenbelastung (abnehmende Strahlung nach den Atombombenversuchen der 50er und 60er Jahre) erhöht worden. Angesichts der Katastrophe von Tschernobyl, durch die Böden und Lebensmittel in einzelnen

Regionen Europas stark verstrahlt wurden, änderte sich dies drastisch. *Anstatt gezielt im Sinne des Strahlenschutzes zu handeln (Verkaufsverbot verseuchter Lebensmittel, Abspritzen hochgradig verstrahlten Straßenbelags, kurzfristige Warnung der Bevölkerung) wurden geltende Strahlenschutzstandards von den verantwortlichen Behörden übergangen bzw. durch weit weniger scharfe Standards ersetzt.* (Hervorh. durch Verf.) Informations- und Handlungsdefizite bestanden insbesondere in Regionen mit besonders starker Strahlenbelastung." (WZB-Mitteilungen, September 1990) Es wurde die Erklärungshypothese von Volker Prittwitz angeführt: "Umweltpolitik ist in weit geringerem Maß als üblicherweise angenommen eigenständig steuerndes Handeln, vielmehr verstärkt sie laufende sozio-ökonomische Tendenzen der Umweltbe- bzw. -entlastung. Der wichtigste Bestimmungsfaktor der Umweltpolitik ist nicht die Höhe der Umweltbelastung, sondern die gegebene umweltpolitische Handlungskapazität.

Stehen große technisch-ökonomische Handlungskapazitäten (Befriedigung materieller Grundbedürfnisse, Flexibilität technischer Anlagen und Verfahren, gute Konkurrenzposition), politisch-institutionelle Handlungskapazitäten (Mechanismen vitaler Demokratie, flexibler Verwaltungsapparat) und konzeptionelle Handlungskapazitäten (Wissen über Lösungsmöglichkeiten) zur Verfügung, so werden Umweltbeeinträchtigungen vergleichsweise sensibel wahrgenommen und politisch bearbeitet. Fehlen derartige Voraussetzungen, so führt auch die stärkste Umweltbelastung zu keiner gezielten Umweltpolitik. Da der Handlungsbedarf bei stark ansteigender Umweltbelastung im allgemeinen die vorhandenen Handlungskapazitäten übersteigt, umgekehrt sinkende Umweltbelastung eine zumindest relativ anwachsende Handlungskapazität anzeigt, läßt sich das Katastrophenparadox kapazitätstheoretisch auflösen." (WZB-Mitteilungen, September 1990)

Nach dieser Theorie ist es nicht verwunderlich, daß in Ländern, die von großen sozio-ökonomischen Problemen begleitet werden und zudem kein Geld für irgendeine Form der Umweltpolitik besitzen, auch die schwersten Umweltkatastrophen ohne praktische Gegenmaßnahmen bleiben (z.B. alle Schwellenländer und die meisten Länder in den drei Kontinenten der Dritten Welt).

Wenn für die Umweltprobleme in den zuletzt angeführten Regionen der Welt, in denen der überwiegende Teil der Menschheit lebt, nicht bald massive Umweltprogramme pragmatisch realisiert werden, so werden wir, die wir in den reichen Ländern leben, die Umweltprobleme und -katastrophen aus diesen Ländern immer deutlicher spüren, denn Umweltkatastrophen kennen keine Grenzen!

Auch in diesem Kontext haben sich besonders in den vergangenen Jahrzehnten immer mehr wissenschaftliche Institutionen herausbilden können, die mit staatlichen Geldern beauftragt werden, die Zukunftsprobleme der Menschheit zu katalogisieren und nach geeigneten Lösungen zu forschen. Die vielen Organisationen der Vereinten Nationen, die personal- und kostenintensiv sind, bilden Paradebeispiele dafür, wie der Ernst der Menschheitslage immer wieder neu festgestellt wird und andauernd von Handlungsstrategien und politischen Kurskorrekturen geredet und geschrieben wird, eine problembezogene Zukunftsgestaltung auf lokaler Ebene aber weitgehend versagt.

Damit soll nicht allen wissenschaftlichen und politischen Institutionen, die sich ernsthaft mit den Zukunftsproblemen und ihren Lösungsstrategien beschäftigen, unterstellt werden, sie würden ausschließlich unsinnige Kongresse, Symposien, Tagungen und Workshops abhalten oder gar überflüssige Forschungen betreiben. Es wird jedoch oft ein hoher Aufwand betrieben, dessen Sinnhaftigkeit durch unzureichendes oder ausbleibendes Handeln in der Wirklichkeit zu hinterfragen bleibt.

Dieser Sachverhalt führt zu der Einschätzung, daß es für die meisten Menschheitsprobleme, seien sie auch noch so akut, bislang noch keine wirksamen gesellschaftlichen Lösungen gibt. Lösungen sind im streng wissenschaftlichen Begriffsrahmen nur dann als solche zu bezeichnen, wenn sie die bestehenden Probleme *auflösen.* Was heute in Bezug auf die Weltproblematik, besonders auf Kongressen, Symposien usw. als "Lösungen" propagiert wird, darf allenthalben als Lösungskonzeptionen oder -entwürfe verstanden werden. Von einer Lösung eines Problems darf erst gesprochen werden, wenn ein dafür angelegtes Konzept erfolgreich durchgeführt wurde. So verfährt auch die Wissenschaft: sie stellt Vermutungen auf, die sich auf Hypothesen gründen. Erst wenn diese durch Experimente und/oder Beobachtungen bewiesen werden, darf in der Wissenschaft von einer These gesprochen werden.

Daß weltweit zahlreiche erfolgreiche Ansätze und Teillösungen für die hier skizzierten Probleme und Krisen existieren, ist schon gesagt worden. Aber zu oft finden die meisten "Lösungskonzepte" für die brennendsten Menschheitsfragen nur in einigen Köpfen statt und nicht in der Realität. Hierbei sind besonders all diejenigen angesprochen, die in großen Konzernen, in der Politik und in den Wissenschaften die Konzepte zur Gestaltung unserer Erde entwerfen und dabei größere Veränderungen in bestimmten Zentralbereichen des Industriesystems (Wissenschafts-, Bildungs- und Energiepolitik, Architektur und Städtebau, Agrarwirtschaft, Chemieindustrie, Rüstungs- und Automobilindustrie) scheuen bzw. erst gar nicht ins Kalkül ziehen. Zukunftsgestaltung wird im wesentlichen von den maßgebenden EntscheidungsträgerInnen in den eben genannten Zentralbereichen für die überwiegende Mehrheit der Bevölkerung in den westlichen und östlichen Industriegesellschaften bedingt. *Schon kleine Korrekturen in einem dieser genannten Bereiche an den richtigen Ansatzpunkten können gewaltige Veränderungen in allen anderen Bereichen und in den Wert- und Handlungsmustern der Bevölkerung bewirken, worauf Teil 2 dieses Buches im wesentlichen basiert.*

Selbst die politische Verständigung über akuteste Bedrohungen für die gesamte Menschheit, wie z.B. durch den Treibhauseffekt, das Ozonloch oder die Zerstörung der Weltmeere und ihren bislang bekannten Ursachen, ist aufgrund mangelnder Konsensfindung der politisch Verantwortlichen selten sichergestellt. Politiker sind überall in der Welt dabei, die allgemeine Krisenlage in der Öffentlichkeit herunterzuspielen.

So findet eine Weltklimakonferenz, eine Nordsee,- Mittelmeer,- und-so-weiter-Konferenz nach der anderen statt, ohne daß sich etwas ändert. Viele Konferenzen stellen puren Aktionismus dar: die TeilnehmerInnen arbeiten intensiv an den spezifischen Fragestellungen und legen zum Teil brauchbare Problemlösungen vor, aber in der Realität wird *nichts* bewegt. *Die entscheidende Instanz, die Politik, blockiert Problemlösungen, die dem industriellen Wachstum schaden und der Industrie und vielen WählerInnen unbequem sind, weil sie Geld und/oder Wählerstimmen kosten.*

Die Welt-Klimakonferenz im Oktober/November 1990 in Genf untermauerte meine Feststellungen einmal mehr. Die Westdeutsche Allgemeine Zeitung berichtete darüber am 8. November 1990 folgendes: "Bei der Welt-Klimakonferenz in Genf haben sich die Amerikaner mit ihrem abwartenden Konzept durchgesetzt. Die Schlußerklärung der Umweltminister aus über 130 Ländern, mit der die zehntägigen Anhörungen am Mittwoch zu Ende gingen, enthält zwar die Formulierung, die Schädigung der Erdatmosphäre und der damit verbundene Klimawechsel seien 'eine gemeinsame Sorge der Menschheit'. Klare Aussagen über die Höhe der angestrebten Schadstoffbegrenzung und bindende Verpflichtungen für die Länder wurden jedoch ausgeklammert. Auch die Frist, in der eine Verringerung der Emissionen durchgesetzt werden soll, ist weiter gefaßt, als viele Teilnehmerstaaten es wünschten. 19 europäische Länder der EG und der EFTA hatten sich darauf geeinigt, bis zur Jahrtausend-Wende dürfe der Kohlendioxid-Ausstoß weltweit nicht weiter anwachsen und müsse danach schrittweise gesenkt werden.

In der Schlußerklärung der Minister wird dagegen lediglich dieser 'Wille' der europäischen Länder begrüßt. Statt ein konkretes Ziel zur Begrenzung der Emissionen zu nennen, werden die Industrieländer pauschal dazu aufgerufen, in den nächsten 20 Jahren den Ausstoß von Treibhausgasen wie Kohlendioxid, Fluorchlorkohlenwasserstoff (FCKW), Methan und Lachgas zu vermindern... Die USA und die UdSSR, die beiden größten CO_2-Verursacher, gehörten zu den entscheidenden Bremsern auf der Klimakonferenz. Aber auch Saudi-Arabien und Japan zeigten wenig Interesse an konkreten Bemühungen. Die Umweltschutz-Organisation Greenpeace warf diesen Ländern deshalb vor, sie wollten ihre Interessen als Großverbraucher oder Förderer fossiler Brennstoffe schützen.

In ihrer Schlußerklärung sprechen sich die Minister für eine Klimakonvention der Vereinten Nationen aus, die 1992 in Rio de Janeiro verabschiedet werden soll ... Eine sich schnell anbietende Alternative, die den industriellen Ausstoß an umweltschädlichen Gasen vermindert, gibt es nach Ansicht der Minister nicht. Sie treten aber für die Entwicklung neuer, sauberer Technologien ein. Zugleich verpflichten sie sich, mehr Mittel für die Erforschung des Klimawechsels und des erwarteten Ansteigens des Meeresspiegels zur Verfügung zu stellen ... Die Länder aus dem Südpazifik, der Karibik und dem Indischen Ozean haben schon auf die erwartete Bedrohung reagiert. Sie sehen sich als 'erste Opfer' der Treibhausfolgen und verlangen sofortige und erhebliche Beschränkungen der Emmissionen." (Westdeutsche Allgemeine Zeitung)

Die oben angeführte Rio-Konferenz fand vom 3. bis zum 15. Juni 1992 statt. Diese Konferenz mit der genauen Bezeichnung UNCED (United Nations Conference on Environment and Development) wurde auch als "Erdgipfel" und "Eco 92" bezeichnet.

An ihr nahmen rund 35.000 PolitikerInnen, WissenschaftlerInnen, ExpertInnen und Umweltschutzorganisationen aus 180 Staaten teil. Sie sollte der "Startschuß" für eine Trendwende in der Menschheitsgeschichte werden. Auf ihr sollten deutliche Signale gesetzt werden, damit die Wachstumsdynamik der westlichen Industriegesellschaften nicht mehr zur Zerstörung der Lebensgrundlagen unseres Planeten beiträgt. Die reichen Länder sollten sich verpflichten, ein ökologisch verträgliches und qualitatives Wachstum in ihren Regionen schnellstens zu realisieren, das zudem für das Weltklima keine weiteren Belastungen erzeugt. Des weiteren sollten sie ihren Ressoucen-Verbrauch drastisch einschränken und eine nachhaltige Entwicklung (sustainable development) für sich selber und insbesondere für die Menschen in den Ländern der sog. Dritten und Vierten Welt fördern. Über diese Ziele waren sich im Prinzip alle KonferenzteilnehmerInnen einig. Aber die auf der Rio-Konferenz unterzeichneten Konventionen wurden so verfaßt, daß sie auf einem Minimalkonsens zwischen den reichen und armen Ländern basieren, so daß ihre Wirkungen in Politik, Wirtschaft, Wissenschaft und Gesellschaft sehr gering bleiben werden. Auf der Rio-Konferenz wurden die 29seitige Klimakonvention, die Artenschutz-Konvention und eine Erklärung zum Schutz der Wälder in den Industriegesellschaften und der tropischen Regenwälder in der Dritten Welt von den Teilnehmerstaaten unterzeichnet. Das wichtigste Dokument dieser Konferenz war aber die Agenda 21. Sie ist ein Aktionsprogramm, mit der die nachhaltige Entwicklung für die Menschheit realisiert werden soll. In der Agenda 21 wurde festgelegt und bestimmt, welche Ziele, Kosten, Termine und Verantwortlichkeiten für die einzelnen Länder notwendig sind, damit eine nachhaltige Menschheitsentwicklung eingeleitet werden kann. Der Finanzbedarf zur Realisierung der in der Agenda 21 festgelegten Ziele beträgt nach UNO-Berechnungen bis zum Jahre 2000 jährlich ca. 125 Milliarden Dollar. Die westlichen Industriegesellschaften kündigten an, den Anteil der Entwicklungshilfe auf

0,7% ihres Bruttosozialproduktes zu erhöhen, damit die Länder der Dritten Welt die umweltpolitischen Zielvorstellungen der Agenda 21 erfüllen können. Aber ein verbindlicher Zeitpunkt für die Erhöhung der Entwicklungshilfe wurde von keiner westlichen Industriegesellschaft genannt.

Festzustellen ist, daß auf der Rio-Konferenz die Vereinigten Staaten im besonderen und die westlichen Industriegesellschaften im allgemeinen sehr daran interessiert waren, daß die einzelnen Konventionen und die Agenda 21 so verfaßt wurden, damit an den bestehenden Wirtschafts- und Machtstrukturen sowie an der Weltwirtschaftsordnung nichts geändert werden muß. Dementsprechend war auch der Tenor der Vertreter aus den armen Ländern, der Umweltschutzorganisationen und der JournalistInnen, die diese Konferenz als eine Niederlage für die Armen und die Natur bezeichneten. Unverständlich für die Thematik dieser Konferenz war, daß das gigantische Menschheitsproblem des Bevölkerungswachstums nicht auf der Tagesordnung stand. Manche BeobachterInnen hoffen dennoch, daß diese größte Konferenz in der Geschichte der Menschheit der Startschuß für eine globale ökologische Bewegung und eine nachhaltige Entwicklung war, die der Biosphäre und den "Menschenmassen" in der Dritten Welt zugute kommen wird, wie es vergleichsweise Helsinki im Jahre 1972 für den doch relativ erfolgreichen KSZE-Prozeß (Konferenz über Sicherheit und Zusammenarbeit in Europa) in Europa gewesen ist. Soviel zur Rio-Konferenz.

Auch die jährlich abgehaltenen Weltwirtschaftsgipfelkonferenzen können sich nicht einmal darauf verständigen, den notleidenden Bevölkerungen in der Dritten und Vierten Welt mit einer gerechten Weltwirtschaftsordnung und massiven Schuldenerlassen zu helfen.

Seit dem Jahre 1988 fließt, bedingt durch die Schuldenlast, mehr Geld aus einigen Ländern der Dritten Welt zurück an die Industriegesellschaften des Nordens als umgekehrt. Das renommierte Worldwatch-Institute mit Sitz in Washington hat zur Verschuldungslage der Dritten Welt für das Jahr 1988 folgendes veröffentlicht: "Die Auslandsschulden der Dritten Welt belaufen sich zur Zeit auf ungefähr 1 Billion Dollar; jedes Jahr kommen etwa 60 Milliarden dazu. Die Zinszahlungen von ungefähr 80 Milliarden Dollar im Jahr haben den traditionellen Kapitalfluß von den Industrie- zu den Entwicklungsländern umgekehrt und dazu geführt, daß inzwischen 30 Milliarden Dollar netto von den armen auf die reichen Länder übertragen werden." (Brown 1988, 291-292)

Angesichts der Tatsache, daß in den führenden Industriegesellschaften die Läden regelrecht "überquellen", Lebensmittel aufwendig gelagert und oftmals vernichtet werden, ist dieser Umstand ein Skandal und eine Form neuzeitlicher Barbarei. Festzustellen ist, daß fast jeder Mensch, der in einer der westlichen Industrienationen lebt, auf irgendeine Weise damit zu tun hat, ob er es will oder nicht.

Manfred Max-Neef, im Alter von 26 Jahren bereits Manager beim Shell-Konzern in Chile, hat aus moralischen Gründen diesen Job aufgegeben und war dann jahrelang für verschiedene UNO-Organisationen und bei der Organisation der Amerikanischen Staaten (OAS) tätig. Er arbeitet seitdem für die Armen in Chile, um alternative Wirtschaftsformen zu realisieren (Alternativer Nobelpreis 1983). Er schilderte diesen Sachverhalt aus seiner Sicht relativ drastisch: "Im Laufe der Jahre arbeitete ich für verschiedene UNO-Organisationen und bei der OAS. Dann aber kam ein Punkt, an dem mein Leben in eine Krise geriet: Ich war weiterhin damit beschäftigt Armut zu diagnostizieren, sie zu messen und dann an kostspieligen Seminaren teilzunehmen, auf denen man die wissenschaftlichen Erkenntnisse anderen mitteilte, die Bedeutung der Erkenntnisse wiederum interpretierte und wo man anschließend meist auf irgendeiner Cocktail-Party dann seine tiefe Besorgnis ausdrückte, um dann Empfehlungen auszusprechen, daß dringendst noch mehr Geld in die Erforschung der Armut gesteckt werden müsse. All dies gab mir irgendwann das Gefühl, daß ich tagtäglich an einem beinahe schon obszönen Ritual teilnahm.

Es war natürlich nicht alles schlecht und falsch in diesen internationalen Organisationen. Aber nichts desto trotz kam es für mich zu dieser Krise. Und in dieser Zeit habe ich mich endgültig von dieser Welt gelöst und mich entschieden, metaphorisch gesprochen, in den Dreck zu gehen." (1990) Soviel zu Manfred Max-Neef, ein Mann, der Bewunderung verdient.

Ossip K. Flechtheim konstatierte für die Organisation der Vereinten Nationen vor einigen Jahren, daß ihre Handlungsmöglichkeiten gering seien. Er schrieb: "Als die Alliierten am Ende des Zweiten Weltkriegs noch unter dem Eindruck des gemeinsamen Sieges relativ einig waren und der Kalte Krieg zwar schon in einigen Köpfen spukte, aber noch nicht politische Wirklichkeit geworden war, gründeten sie auf der Konferenz in San Francisco im Sommer 1945 die Weltorganisation der Vereinten Nationen. Damals hatte die UNO 52 Mitgliedsstaaten. Diese Zahl hat sich inzwischen verdreifacht, was man von dem Erfolg der UNO bei der Friedenssicherung nicht gerade behaupten kann. Immerhin konnte sie in Indonesien und Griechenland vermittelnd eingreifen und später mit Billigung der Beteiligten eine internationale Polizeigruppe in den Nahen Osten entsenden. Seit dem Beginn des Kalten Krieges hat die UNO in ihren Friedensbemühungen besonders beeinträchtigt, daß die Großmächte (USA, UdSSR, England, Frankreich und China) im Sicherheitsrat immer wieder von ihrem Vetorecht Gebrauch machen. Eine weitreichende Reform der Vereinten Nationen ist daher dringend geboten. Bisher verfügen sie zwar über einen beachtlichen administrativen Apparat, aber kaum über Durchsetzungsvermögen; sie mögen auch einen gewissen moralischen Einfluß auf die Weltöffentlichkeit ausüben. Letztlich sind sie aber infolge des Vetorechts der grossen fünf, die in drei Machtblöcke aufgespalten sind, paralysiert." (1987, 232-233)

Flechtheims oben zitierte Analyse, die auch als Argument zur Stärkung der Vereinten Nationen zu sehen ist, wurde hinsichtlich der früh abgebrochenen Sanktionen gegenüber dem Irak zur Räumung des durch den Irak am 2. August 1990 annektierten Kuwaits einmal mehr bestätigt, denn die Vereinten Nationen konnten eine *friedliche Lösung dieses Konflikts nicht durchsetzen.* Dazu ein paar Anmerkungen.

Das Regime des irakischen Diktators Saddam Hussein hat mit der Annektion Kuwaits, die vielen tausend Menschen das Leben kostete und ebenfalls ungezählte Kinder, Frauen und Männer "über Nacht" zu Flüchtlingen machte, größtes Unrecht und ein Verbrechen gegenüber der Menschlichkeit in ungezählten Fällen begangen. Husseins brutale Machtpolitik hat zuvor in dem achtjährigen Krieg gegen den Iran nach Schätzungen rund einer Million Menschen das Leben gekostet und unermeßliche soziale Probleme erzeugt. Zudem hat er mit Giftgas tausende *irakische* KurdInnen ermorden lassen. Nachweislich kamen in dem Dorf Halabdscha im Jahre 1988 mindestens 4000 Kurden durch Giftgasangriffe des irakischen Regimes ums Leben. Dieses Dorf nennen die Kurden Iraks seitdem ihr "Hiroshima".

Saddam Hussein und seine Gefolgschaft haben grausame Verbrechen begangen, die mit Worten nicht zu fassen sind.

Die Weltgemeinschaft hätte das irakische Regime mit politischen Mitteln stoppen müssen und die Befreiung Kuwaits nicht mit Krieg erreichen können.

Trotz intensivster und ernsthafter Bemühungen der Vereinten Nationen, die Räumung Kuwaits durch den Irak friedlich mit den Möglichkeiten von Wirtschaftssanktionen zu erreichen, hat sich die USA nicht zu einer Verlängerung der bestehenden Sanktionen gegenüber dem Irak entschließen können und sogar die Friedensbemühungen Frankreichs vom 13. und 14. Januar 1991 attackiert. Insgesamt wurde die große Chance der Vereinten Nationen, erfolgreich im gefährlichsten politischen Konflikt seit dem Zweiten Weltkrieg zu vermitteln, zunichte gemacht, denn Sanktionen hätten nach Ansicht vieler ExpertInnen nach ein bis höchstens drei Jahren das irakische Regime zur Räumung von Kuwait gezwungen. Durch eine restriktive Exportpolitik und streng durchgeführte Maßnahmen zur Verhinderung von Lieferungen von Waffen, Chemieanlagen und besonders von Produkten zur Herstellung von Kernkraftwerken und damit zum Bau von Atomwaffen hätte man den Irak auch mit diesen Mitteln militärisch, wenn auch längerfristig gesehen, erheblich schwächen können. Dieses Maßnahmenpaket gegenüber dem Irak wird nun auf internationaler Ebene durchgeführt, wobei insbesondere die Bundesrepublik Deutschland sorgfältig handeln muß, weil sie durch die Lieferungen ganzer Anlagen zur Produktion von Giftgas, durch den Export von Waffen und Waffensystemen in den Irak, an denen weit über 100 Firmen beteiligt waren, im Jahre 1991 zu Recht international gerügt wurde. Aber dieses Maßnahmenpaket ist wertlos, wenn es sich nur gegen einzelne Länder richtet und zeitgleich Regime, wie z.B. Syrien, militärisch protegiert und aufgerüstet werden. Syrien kann im Nahen- und Mittleren Osten schon bald ähnlich aggressiv gegenüber Nachbarländern und Israel vorgehen, wie der Irak das bis Ende Februar 1991 getan hat. Dasselbe gilt für Saudi-Arabien, das im Krieg gegen den Irak noch auf der Seite der Amerikaner und alliierten Streitkräfte gegen den Irak gekämpft hat.

Saddam Husseins ökologische Kriegsführung und "Politik der verbrannten Erde" ist in seinen Ausmaßen ohne Beispiel in der Menschheitsgeschichte.

Man muß kein Klimaforscher oder Ökologe sein, um nachzuvollziehen, daß die Öko-Katastrophe in Kuwait und am Persischen Golf die Biosphäre unseres Planeten erheblich geschädigt hat.

Der durch die USA ausgelöste Angriff auf den Irak am 17. Januar 1991 wurde zwar von den Vereinten Nationen sanktioniert, aber in letzter Konsequenz hätte die UNO, insbesondere ihr damals amtierender Generalsekretär, der Peruaner Perez de Cuellar, die Verlängerung des Wirtschaftsembargos sehr befürwortet. Die Vermittlungsversuche vieler UNO-Mitgliedsländer, die quasi bis zur letzten Minute um eine friedliche Lösung redlich bemüht waren, haben diese Intention untermauert. Ob nun die sogenannten Operationen "Wüstensturm" und "Wüstenschild" als von den Vereinten Nationen beschlossen oder als hartnäckige Durchsetzung von Wirtschafts- und Machtinteressen sowie Prinzipien der amerikanischen Regierung in die Geschichtsschreibung eingehen wird, bleibt abzuwarten. Fest steht, daß die Rolle der UNO und des UNO-Sicherheitsrates nach Kriegsbeginn am 17. Januar 1991 marginal ausfiel. Ebenso blieb die Stimme der UNO nach Kriegsende (28. Februar 1991) schwach, als es darum ging, den Völkermord an irakische Kurden und die Verfolgung der irakischen Opposition durch neue Resolutionen zu stoppen, nachdem der Aufstand der Kurden gegen das Regime von Saddam Hussein mißglückt war.

Darüber hinaus steht auch fest, daß die Menschheit durch diesen größten konventionell geführten Krieg seit Ende des Zweiten Weltkrieges ihren Spielraum zur Abwendung einer zunehmend wahrscheinlicher werdenden sozialen und ökologischen Megakrise weiterhin eingeengt hat. Es wurden große ökologische Schäden angerichtet und ein immenser Personal- und Materialaufwand zur Führung des Krieges betrieben.

Vielleicht gelingt es den Vereinten Nationen in Zukunft, Kriege, Menschen- und Völkerrechtsverletzungen durch Sanktionen, Wirtschaftsembargos und andere Maßnahmen zu verhindern und in die Rolle einer Weltregierung zu gelangen, weil von der überwiegenden Völkergemeinschaft Gewalt und Krieg bereits heute geächtet werden. Diese Vision, die das Prinzip Hoffnung impliziert, ist allerdings zunächst erst ad acta gelegt worden. Aber im Verlaufe des Golfkrieges zur Befreiung Kuwaits haben sich die Stimmen weltweit gemehrt, die eine Stärkung der UNO als Faktor zur friedlichen Sicherung des Friedens befürworten. Eine davon gehörte dem SPD-Ehrenvorsitzenden Willy Brandt. Er hat im Frühjahr 1991 folgende Vorschläge zur Reform der Vereinten Nationen vorgelegt, die nachfolgend auszugweise zitiert werden:

- "Von zentraler Bedeutung wird die Rolle sein, die der Generalsekretär der Vereinten Nationen und sein Apparat künftig zu spielen haben werden. Es kann beispielsweise nicht vernünftig sein, daß dem Generalsekretär keine Aufgabe verbleibt, wenn, gestützt auf Beschlüsse des Sicherheitsrats, eine militärische Aktion erfolgt.
- Im Sicherheitsrat sollten Vetorechte sorgsam genutzt und in der weiteren Entwicklung abgebaut werden. Der Sicherheitsbegriff ist neu zu definieren, so daß ökonomisch und ökologisch bedingte Friedensgefährdungen einbezogen werden.
- Die Arbeit der Vereinten Nationen ist dadurch wirksamer zu gestalten, daß dem Regionalprinzip bei der Konfliktregelung und Zusammenarbeit sowie bei der Repräsentation in den Gremien zum entscheidenden Durchbruch verholfen wird.
- Friedenssichernde Vorhaben der Vereinten Nationen können dadurch erleichtert werden, daß einzelne Staaten Einheiten bereithalten, die im Bedarfsfall den Vereinten Nationen (als 'Blauhelme') zur Verfügung gestellt werden.
- Die Stellung des Internationalen Gerichtshofs muß gestärkt und sein Aufgabenbereich erweitert werden." (Vorwärts, April 1991)

Resümee

Leider ist deutlicher denn je festzustellen, daß *Reden* über Zukunftskrisen Silber ist, wohingegen *Handeln* Gold wäre. In erster Linie ist hierfür die Politik verantwortlich zu machen!

Sie kann wieder glaubwürdiger werden und zur Lösung der brennenden Zukunftsprobleme gezielter und wirksamer beitragen, wenn sie sich mehr mit den unmittelbaren Problemen der Menschen konfrontiert und die Signale der drohenden sozialen, ökonomischen und besonders der ökologischen Krisen massiver wahrnimmt und konkretes Handeln für eine neue Zukunftsgestaltung einleitet.

Politik muß unpopuläre Entscheidungen wagen und diese mit einem Zukunftsprogramm verbinden, in der die ökologischen Reformen und sozialen Umverteilungen, die von "oben" nach "unten", reich zu arm und von Nord nach Süd stattfinden müssen, den Menschen plausibel gemacht werden.

Auch die WählerInnen in den westlichen Industriegesellschaften sind herausgefordert. Sie müssen politische Parteien mehrheitsfähig machen, die ein Konzept vorweisen können, das eine konsequente ökologische und sozialverantwortliche Reformpolitik beinhaltet. Darüber hinaus müssen sie einsehen, daß Maßnahmen, die die Zerstörung unseres Planeten stoppen und das Massenelend in der Dritten Welt bekämpfen werden, auch Verzicht bedingen. Sie dürfen sich nicht länger von PolitikerInnen blenden lassen, die ihnen weiterhin Wachstum versprechen. Konkrete Handlungsvorschläge darüber, wie und was jeder von uns für eine ökologische und humane Zukunft machen kann, sind im letzten Kapitel ausführlich dargestellt.

Anhang zu Teil 1

ZUKUNFTSFRAGEN AM VORABEND DES 21. JAHRHUNDERTS

- Ein Umfrageergebnis -

I. Einleitung

Was sind die zentralen Zukunftsfragen weltweit? Kann der Energiehunger der Menschheit im 21. Jahrhundert durch regenerative Energien (Sonne, Wind, Biomasse, Wasserstoff, Wasserkraft) sichergestellt werden? Wie ist der derzeitige Stand und wie die künftige Entwicklung der Bio- und Gentechnologien zu beurteilen? Welche Zukunftsfragen wirft die weitere Computerisierung der Gesellschaften auf? Wie steht es um die nationale und internationale Zukunftsforschung? Welche Bücher und Zeitschriften, die sich mit der Zukunft beschäftigen, waren in den letzten 20 Jahren wichtig?

Vor diesen und anderen zukunftsrelevanten Fragestellungen habe ich eine Umfrage konzipiert, die im Herbst 1989 an 283 Personen aus Wissenschaft, Politik, Wirtschaft und Publizistik im In- und Ausland versandt wurde. Sie wurde im Frühsommer 1990 ausgewertet. Das komplette Ergebnis dieser Umfrage wurde in der von der Gesellschaft für Zukunftsmodelle und Systemkritik (GZS) herausgegebenen Zeitschrift "Blickpunkt Zukunft" veröffentlicht. (Mittelstaedt 1990)

Diese Befragung sollte einerseits das Spektrum der wichtigsten Zukunftsfragen aufzeigen und andererseits Einschätzungen und Ansatzpunkte möglicher Zukunftsgestaltung liefern. Das Ergebnis dokumentiert ein recht unterschiedliches Meinungsspektrum.

Die größtenteils untergliederten Fragen wurden so gestellt, daß sie qualitativ (durch Veröffentlichung der einzelnen Statements) und quantitativ (durch Auszählen der unterschiedlichen Antworten) ausgewertet werden sollten, was im Ergebnis gelungen ist. Wichtig an diesem Ergebnis ist zudem, daß die jeweiligen Meinungen von Persönlichkeiten aus unterschiedlichen wissenschaftlichen Disziplinen und politischen sowie wirtschaftlichen Wissenszugängen vertreten wurden und bei zahlreichen Fragen in einem gemeinsamen Fazit aus der Sicht der antwortenden Personen zusammengefaßt werden konnten.

Nachfolgend liegt eine Kurzfassung der Ergebnisse vor. Vierzig Personen haben den Fragenkomplex beantwortet. Dreißig davon gaben ihr Einverständnis, ggf. genannt und zitiert zu werden. Die auswertbare Rücklaufquote betrug gut 14%.

II. Globale Zukunftsfragen aus der Sicht der UmfrageteilnehmerInnen

Was sind Ihrer Meinung nach derzeit die zentralen Zukunftsprobleme weltweit?

Platz 1: Die Gefährdung und Zerstörung der Umwelt.
In den Antworten wurde ausdrücklich verwiesen auf: Die Gefahren einer durch Menschen verursachten globalen Klimaveränderung. Die Gefährdungspotentiale durch das Ozonloch. Die Sorge um den Erhalt der natürlichen Lebensgrundlagen. Die Bewahrung der Schöpfung.

Platz 2: Das Nord-Süd-Problem.
In den Antworten wurde ausdrücklich verwiesen auf: Den Massenhunger und das Massenelend in den drei Kontinenten der Dritten Welt. Die Ausbeutung und Übervorteilung der Dritten Welt. Die für die Dritte Welt ungerechte Weltwirtschaftsordnung. Die wachsenden Gefahren regionaler und überregionaler Kon-

flikte innerhalb der Dritten Welt. Die immense Schuldenlast der Dritten Welt gegenüber den Industriegesellschaften.

Platz 3: Die Sicherung des Friedens in der Welt.
In den Antworten wurde ausdrücklich verwiesen auf: Die ständige atomare Bedrohung. Ein durch technische Fehler "versehentlich" ausgelöster atomarer Konflikt.

Platz 4: Die Bevölkerungsexplosion in den Ländern der Dritten Welt.

Platz 5: Die Verschwendung der natürlichen Rohstoffvorkommen (Ressourcen).
In den Antworten wurde ausdrücklich verwiesen auf: Die Weltenergieprobleme, die von den fossilen und begrenzten Rohstoffvorkommen abhängen. Die Verschwendungs- und Wegwerfmentalität in den reichen Industriegesellschaften.

Platz 6: Die Proliferation moderner Waffen (Rüstung). Insbesondere der atomaren, biologischen und chemischen Waffensysteme.
In den Antworten wurde ausdrücklich verwiesen auf: Die Eigendynamik des Rüstungsbereiches. Die Probleme des internationalen Waffenhandels. Waffenlieferungen in Spannungsgebiete.

Platz 7: Egoismus und Egozentrik der Menschen in den Industriegesellschaften.

Platz 8: Die Gefahren der Gentechnologie.

Platz 9 - Jeweils zweimal wurden folgende Zukunftsprobleme genannt:
Weltgesundheit.
Arbeitslosigkeit.

Die Probleme des Weltmüllaufkommens einschließlich des Atommülls. Probleme bei der gerechten Verteilung von Gütern und Nahrung.

Platz 10 - Jeweils einmal wurden folgende Zukunftsprobleme genannt:
Friedlicher Übergang zur Demokratie in Osteuropa.
Regionale Konflikte.
Politischer Fanatismus und Totalitarismus in der Welt.
Machtstreben Japans.
Der Fundamentalismus.
Mißachtung der sozialen und ökonomischen Dimension der globalen Umweltkrise.
Naturkatastrophen.
Vakuum durch Zerfall des sozialistischen Weltsystems. Gerechtigkeit und Demokratie.
Menschenrechte.
Selbstbefreiung der Völker.
Inneres Wachstum der Menschen.
Die Beseitigung des Phänomens "Militär" und des militärischen Denkens.
Förderung regenerativer Energieformen.

III. Europäische Zukunftsfragen

Was sind Ihrer Meinung nach die zentralen Zukunftsfragen der Europäischen Gemeinschaft?

Platz 1:
Die ökologische verträgliche Umgestaltung der industriellen Produktionsprozesse sowie die Erneuerung und Revitalisierung einer zerstörten Umwelt unter Berücksichtigung höherer sozialer

und wirtschaftlicher Gerechtigkeit innerhalb der Europäischen Gemeinschaft.

Platz 2:
Die wirtschaftliche, soziale, ökologische und politische Problemlösung und Integration Osteuropas in das gemeinsame "Europäische Haus".

Platz 3:
Beitrag der EG zur Verbesserung der Lage in der Dritten Welt.

Jeweils dreimal wurden folgende Zukunftsprobleme genannt:
Abbau des ökonomischen Nord-Süd-Gefälles in Europa.
Entmilitarisierung Europas.
Rechtsradikalismus.

Jeweils zweimal wurden folgende Zukunftsprobleme genannt:
Integration ohne Verlust der kulturellen Vielfalt.
Stärkung der Befugnisse des Europäischen Parlaments.
Arbeitslosigkeit.
Schaffung einer europäischen Währung.
Erweiterung der Europäischen Gemeinschaft.

Jeweils einmal wurden folgende Zukunftsprobleme genannt:
Bürokratiewucherung.
Überwindung des nationalstaatlichen Denkens.
Abrüstung.
Die relativ autonome Gestaltung traditionell-geschichtlich eigenständiger Lebensräume erhalten bzw. verbessern.
Ausbeutung der Dritten Welt durch die EG.
Entwicklung einer multikulturellen, neuen abendländischen Identität.
Kraftfahrzeugzuwachs.
Probleme mit der Atomenergie.

Schaffung einer demokratisch legitimierten Volksvertretung mit realen Befugnissen.
Demokratisierung durch mehr Bildung.
Nukleare Bedrohung.
Einführung eines garantierten Mindesteinkommens.
Schaffung eines demokratisch-föderalistischen Europas.
Schaffung einer Europäischen Umweltgemeinschaft.

IV. Meinungen zur Zukunft der Kernenergie

Wie beurteilen Sie den Trend in vielen Industriegesellschaften und in der Dritten Welt weiterhin an der friedlichen Nutzung der Kernenergie festzuhalten?

Fazit aller abgegebenen Antworten aus Sicht der antwortenden Personen:
Ich beurteile diesen Trend mit großer Sorge bzw. halte Kernenergienutzung für negativ: 65,0%.
Ich bin gegenüber der Kernenergienutzung ambivalent eingestellt bzw. halte sie höchstens für eine Übergangslösung: 25,0%.
Ich halte die Nutzung der Kernenergie für erforderlich: 5,0%.
Möchte ich nicht beurteilen bzw. keine Antworten: 5,0%.

V. Meinungen über regenerative Energieformen für die Zukunft

Welche regenerative Energieform (Sonne, Wind, Biomasse) kann Ihrer Meinung nach dazu beitragen, den Energiebedarf der Menschheit im 21. Jahrhundert zu decken?

Fazit aller abgegebenen Antworten aus Sicht der antwortenden Personen:
Energiesparen in Verbindung mit einer Kombination aller regenerativen Energieformen *mit Priorität für die Sonnenenergie* halte ich für die beste Lösung, den Energiebedarf in der Zukunft zu decken: 85,0%.
Ich halte zudem die Nutzung von Windenergie für wichtig: 15,0%.
Ich halte zudem die Nutzung von Wasserkraft für wichtig: 12,5%.
Ich halte zudem die Nutzung von Wasserstoff für wichtig: 12,5%.
Ich halte zudem die Nutzung von Biomasse für wichtig: 10,0%.
Keine eindeutigen Antworten: 7,5%.

VI. Meinungen zur Zukunft der Bio- und Gentechnologien

Wie beurteilen Sie den derzeitigen Stand und wie die künftige Entwicklung der Bio- und Gentechnologien?

Fazit aller abgegebenen Antworten aus Sicht der antwortenden Personen:
Ich beurteile den derzeitigen Stand der Bio- und Gentechnologien negativ und sehe der künftigen Entwicklung besorgt entgegen: 52,5%.
Ich sehe in den Bio- und Gentechnologien gewisse Chancen, jedoch auch große Risiken und stehe ihnen ambivalent gegenüber: 30,0%.
Ich beurteile die Bio- und Gentechnologien sehr positiv: 10,0%.
Möchte ich nicht beurteilen bzw. keine Antworten: 7,5%.

VII. Meinungen zur Zukunft der Computerisierung

Wie beurteilen Sie die expansive Entwicklung der Computerisierung in den Industriegesellschaften?

Fazit aller abgegebenen Antworten aus Sicht der antwortenden Personen:
Ich beurteile die expansive Entwicklung der Computerisierung in den modernen Industriegesellschaften positiv bis sehr positiv: 37,5%.
Ich sehe in der Computerisierung Chancen und Risiken, habe also eine ambivalente Haltung zu dieser Technologie: 32,5%.
Ich stufe die expansive Computerisierung negativ ein: 15,0%.
Möchte ich nicht beurteilen bzw. keine Antworten: 15,0%.

VIII. Meinungen zehn Jahre nach Erscheinen von "Global 2000"

Die Zentralaussage der Zukunftsstudie "Global 2000" besagt: "Wenn sich an den Grundlinien der Politik nichts ändert, *dann* steuert die Welt in Katastrophen."

Wie beurteilen Sie diese Zentralaussage heute, also etwa eine Dekade nach dem Erscheinen von "Global 2000"?

Fazit der 40 Antworten:
Mit 2 Ausnahmen wurde der Zentralaussage von "Global 2000" voll zugestimmt. Es wurde allerdings folgendes in vielen Antworten hinzugefügt:

Negatives: Die Weltprobleme sind mit Ausnahme des Wettrüstens in den 80er Jahren noch größer geworden (Ozonloch, globale Klimaveränderungen, mehr irreversible Schäden, mehr Welthunger, Bevölkerungsexplosion, Vertiefung der Kluft zwischen Arm und Reich, Ausweiterung von Flüchtlingsströmungen, mehr Bürgerkriege und lokale Konflikte, AIDS, Ausweitung der internationalen Drogenmafia). In den meisten Ländern der Dritten Welt gelten die 80er Jahre als ein "verlorenes Jahrzehnt". In den reichen Industriegesellschaften zeigt sich immer mehr die Tendenz zur "Zwei-Drittel-Gesellschaft" oder "Halb-Halb-Gesellschaft", was durch die steigenden sozialen Probleme und zunehmender Verarmung bestätigt wird.

Positives: In den reichen Industriegesellschaften erhöhtes, aber noch lange nicht ausreichendes Problembewußtsein für die lokalen und globalen Umweltprobleme. Mehr Anteilnahme der Industriegesellschaften für die Belange der Zweiten und Dritten Welt. Weltweites Aufbegehren der Völker nach Demokratie und Menschenrechten. Erste Abrüstungserfolge seit Bestehen des 20. Jahrhunderts. Aufkommen neuer sozialer Bewegungen für eine ökologisch, soziale und human ausgelegte Weltgesellschaft.

IX. Einschätzungen zum mittelfristigen Entwicklungstrend der modernen Industriegesellschaften

Wie beurteilen Sie den mittelfristigen Entwicklungstrend in den modernen Industriegesellschaften?

a) Sie erleiden in absehbarer Zukunft ein irreversibles soziales, wirtschaftliches und ökologisches Desaster: 12,5%.
b) Sie gelangen in eine Form von "Ökokapitalismus", in der die ökologischen Zerstörungen zwar verlangsamt werden, aber die sozialen, politischen und wirtschaftlichen Probleme weiterhin zunehmen werden: 57,5%.
c) Weder a) noch b): 17,5%.
Möchte ich nicht beurteilen bzw. keine Antworten: 12,5%

X. Meinungen zur Bedeutung der Zukunftsforschung und Politikberatung in der Bundesrepublik Deutschland und international

Welche Methoden der Zukunftsforschung sind Ihrer Ansicht nach für welche Problemfelder von besonderer Relevanz?

Es wurden folgende Methoden überwiegend mehrfach genannt:
Technologiefolgenabschätzung.
Abrüstungskontrolle.
Vorbehaltloses Informieren breiter Bevölkerungskreise.
Szenariomodelle, Chaostheorien aller Art, Simulationsmodelle mit starker Vernetztheit.
Ziel-Mittel-Interdependenz.
Computergestützte Systemanalyse.
Neue gesellschaftliche Rahmenbedingungen entwerfen und ihre Wirkungen analysieren.
Trend-Beobachtungen in den verschiedensten Entwicklungen.
Interdisziplinäre Studien bei komplexen ökologisch-ökonomisch-sozialen Fragen.
Aufzeigen von Alternativen zur Wachstumsgesellschaft.
Brainstorming.
Zukunftswerkstätten (besonders für regionale Fragen).
Systematisierung von Innovationen.
Netzplan-Strategien.
Spieltheorien.
Studien zur Beratung von EntscheidungsträgerInnen in Politik, Wirtschaft und Gesellschaft.
Systemübergreifende, ganzheitliche theoretische und praxisnahe Vorgehensweisen zur Zukunftsgestaltung in allen Bereichen.
Delphi-Verfahren zur Einschätzung von Trends.
Meinungsforschung, Motivationsanalysen.
Eine Systemtheorie für die Ermittlung künftiger Lebens- und Überlebensbedingungen.
Meinungsumfragen.
Symposien mit WissenschaftlerInnen verschiedenster Disziplinen, um Zukunftsfragen zu erläutern und Antworten zu finden.
Das Entwerfen von Utopien und Gegenutopien für alle erdenklichen Bereiche.

Wie schätzen Sie das Verhältnis von Zukunftsforschung und Politikberatung in der Bundesrepublik Deutschland ein?

Folgende Gesamteinschätzung:
Der allgemeine Tenor sagt aus, daß für die Zukunftsforschung in der Bundesrepublik Deutschland von seiten der staatlichen Förderung viel zu wenig unternommen wird. Die wenigen Institutionen, die in der Bundesrepublik Deutschland Zukunftsforschung betreiben, werden allerdings, so die häufige Einschätzung, sehr wohl von den PolitikernInnen und ManagerInnen in der Industrie beachtet. Die "Kommunikation zwischen ZukunftsforscherInnen und PolitikerInnen bzw. IndustriemanagerInnen" ist extrem unterentwickelt. Es muß viel mehr für eine unabhängige Zukunftsforschung in der Bundesrepublik Deutschland unternommen werden!

Wie schätzen Sie das Verhältnis von Zukunftsforschung und Politikberatung in anderen Ländern ein?

Folgende Gesamteinschätzung:
Viel besser als in der Bundesrepublik Deutschland, besonders in den Vereinigten Staaten, Frankreich, Schweiz, Holland und in allen skandinavischen Ländern.

XI. Einschätzungen über Einrichtungen zur Politikberatung in der Bundesrepublik Deutschland und international

Welche Einrichtungen sind Ihrer Meinung nach am ehesten in der Lage, eine zukunftsorientierte Politikberatung in der Bundesrepublik Deutschland zu realisieren?

Folgende Einrichtungen wurden genannt:

Die "neuen sozialen Bewegungen" (Ökologiebewegung, Friedensbewegung, Dritte-Welt-Initiativen, Alternativbewegung, soziale Netzwerke).

Forschungsinstitute staatlicher wie privater Art einschließlich solcher von Interessenverbänden wie Industrieverband und Gewerkschaften.

Kirchliche Gremien.

Friedensforschungsinstitute.

Volksbefragungen, Volksabstimmungen.

Enquete-Kommissionen.

Überfachliche und überregionale, völlig unabhängige Institutionen.

Stiftungen (z.B. Stiftung Warentest, Stiftung Volkswagenwerk)

Unabhängige Studien (z.B. die des Club of Rome).

Bücher, die über Zukunftsprobleme und Zukunftschancen breite Bevölkerungskreise weitgehend unabhängig informieren.

Das ÖKO-Institut in Freiburg.

Greenpeace.

Robin-Wood.

ISI in Karlsruhe.

Prognos.

Umweltbundesamt.

Wissenschaftszentrum Berlin.

Institut für Zukunftsstudien und Technologiebewertung (IZT) in Berlin.

Studiengruppe für Biologie und Umwelt, München.

Bund für Umwelt- und Naturschutz in Deutschland e.V. (BUND).

Alle öffentlichen Medien.

Einzelne Hochschulprofessoren, wie z.B. Horst-Eberhard Richter, Hans Peter Dürr, C.F. von Weizsäcker, Klaus Traube, Robert Jungk, Rolf Kreibich, Frederic Vester u.v.a..

Welche Einrichtungen sind Ihrer Meinung nach am ehesten in der Lage, eine zukunftsorientierte Politikberatung in anderen Ländern zu realisieren?

Folgende Einrichtungen wurden genannt:
Einrichtungen der UNO.
Das OTA in den Vereinigten Staaten.
Die Zukunftsgesellschaften und Institute in der Schweiz, in Schweden, Norwegen und den Niederlanden.
Prognos AG in Basel.
Die "neuen sozialen Bewegungen".
Forschungsinstitute staatlicher wie privater Art einschließlich solcher von Interessenverbänden wie Industrieverband und Gewerkschaften.
Kirchliche Gremien.
Friedensforschungsinstitute.
Volksbefragungen, Volksabstimmungen.
Enquete-Kommissionen.
Überfachliche und überregionale, völlig unabhängige Institutionen.
Unabhängige Studien (z.B. die des Club of Rome)
Bücher, die über Zukunftsprobleme und Zukunftschancen breite Bevölkerungskreise informieren.
Die öffentlichen Medien.

XII. Meinungen über die wichtigsten Bücher seit 1970, die sich mit der Zukunft der Menschheit beschäftigen

Könnten Sie uns bitte drei Ihrer Meinung nach herausragende Publikationen der letzten 20 Jahre nennen, die Zukunftsfragen der Menschheit zum Thema hatten!

Platz 1
Meadows, Dennis; Meadows, Donella; Zahn, E.; Milling, P.: Die Grenzen des Wachstums - Bericht des Club of Rome zur Lage der Menschheit, Stuttgart 1972

Platz 2
Global 2000: Der Bericht an den Präsidenten, Frankfurt/Main 1980

Platz 3
Volker Hauff (Hrsg.): Unsere gemeinsame Zukunft. Der Brundtland-Bericht der Weltkommission für Umwelt und Entwicklung. (engl. Our Common Future, Oxford 1987), Greven 1987

Platz 4
Capra, Fritjof: Wendezeit - Bausteine für ein neues Weltbild, Bern 1982
Fromm, Erich: Haben oder Sein, Stuttgart 1976

Platz 5
Eppler, Erhard: Wege aus der Gefahr, Reinbek bei Hamburg 1981
Flechtheim, Ossip K.: Ist die Zukunft noch zu retten?, Hamburg 1987
Jonas, Hans: Das Prinzip Verantwortung, Frankfurt/Main 1979
Peccei, Aurelio u.a.: Der Weg ins 21. Jahrhundert. Alternative Strategien für die Industriegesellschaft. Bericht an den Club of Rome, München 1983
Schumacher, E.F.: Small is beautiful, New York, 1973
Toffler, Alvin: Die dritte Welle - Zukunftschance. Perspektiven für die Gesellschaft des 21. Jahrhunderts, München 1980

Diese Bücher und Peridiodika wurden unter den 40 Antworten jeweils einmal genannt:

Bahro, Rudolf: Die Alternative. Zur Kritik des real existierenden Sozialismus, Frankfurt/Main 1977
Blätter für deutsche und internationale Politik
Carson, Rachel: Der stumme Frühling, München 1962
Ditfurth, Hoimar von: So laßt uns denn ein Apfelbäumchen pflanzen. Es ist soweit, Düsseldorf 1985
Eigen, Manfred: alle Publikationen
Flechtheim, Ossip K.: Der Kampf um die Zukunft. Grundlagen der Futurologie, Bonn 1980
Gaspari/Millendorfer: Konturen einer Wende. Strategien für die Zukunft, Graz u.a., 1978
Gleick, James: Chaos - die Ordnung des Universums. Vorstoß in Grenzbereiche der modernen Physik, München 1988
Gorbatschow, Michail: Perestroika. Die zweite russische Revolution. Eine neue Politik für Europa und die Welt, München 1987
Gruhl, Herbert: Ein Planet wird geplündert. Die Schreckensbilanz unserer Politik, Frankfurt/Main 1975
Hesse, Joachim Jens; Zöpel, Christoph: Forum Zukunft, Band 1-6, Baden-Baden (1987 - 1990)
Internationale Bibliothek für Zukunftsfragen: Pro Zukunft. Informationsdienst der Robert Jungk-Stiftung, Salzburg (erscheint seit 1987 alle 3 Monate)
IPPNW-Sektion in der BRD: Rundbriefe
Jungk, Robert: Die Zukunft hat schon begonnen. Amerikas Allmacht und Ohnmacht, Stuttgart 1952
Jungk, Robert: Strahlen aus der Asche. Geschichte einer Wiedergeburt, Bern 1959
Jungk, Robert: Der Jahrtausendmensch - Bericht aus den Werkstätten der neuen Gesellschaft, München 1973

Jungk, Robert: Der Atomstaat. Vom Fortschritt in die Unmenschlichkeit, München 1977
Jungk, Robert; Lutz, Rüdiger; Müllert, Norbert R.; Ziegler, Bernhard (Hrsg.): Enzyklopädie der Zukunft. Eine Anstiftung zur praktischen Zukunftsgestaltung, Tübingen 1978
Jungk, Robert; Müllert, Norbert R.: Zukunftswerkstätten. Wege zur Wiederbelebung der Demokratie, Hamburg 1981
Kreibich, Rolf: Die Wissenschaftsgesellschaft - Von Galilei bis zur High-Tech-Revolution, Frankfurt/Main 1986
Kutsch/Vilmer (Hrsg.): Vollbeschäftigung durch Arbeitszeitverkürzung, o.O. u. J.
Meadows, Dennis; Meadows, Donella: Das globale Gleichgewicht. Modellstudien zur Wachstumskrise, Stuttgart 1974
Myrdal, Gunnar: Politisches Manifest über die Armut in der Welt, Frankfurt/Main 1970
Naisbitt, John: Megatrends - 10 Perspektiven, die unser Leben verändern werden, Bayreuth 1986
Nord-Süd-Kommission: Der Brandt-Report - Das Überleben sichern, Frankfurt/Main 1981
ÖKO-Institut-Studien: (z.B. Energiewende und Chemiewende u.a.)
Orwell, Georg: 1984, Frankfurt/Main, Berlin, Wien Neuauflage 1976
Pestalozzi, Hans A.: Nach uns die Zukunft, Bern 1979
Popper, Karl: alle Publikationen
Schell, Jonathan: Das Schicksal der Erde, München 1982
Schulze, Lothar: Die Zukunft geht uns alle an. Eine Dokumentation von Äußerungen zum Thema Zukunfts- und Friedenssicherung 1965 - 1975 mit Dokumentation zur Vorgeschichte und Entwicklung der Gesellschaft zur Förderung von Zukunfts- und Friedensforschung 1958 - 1974, Hannover 1976
Schweizerische Vereinigung für Zukunftsforschung; Kocher, Gerhard (Hrsg.): ZUKUNFTSFORSCHUNG. Informationen

über Zukunftsforschung, Planung und Zukunftsgestaltung, Horgen (Schweiz), erscheint seit 1972 regelmäßig alle 3 Monate
Schwendter, Rolf: Zur Geschichte der Zukunft, München 1982
Strasser, J.; Traube, K.: Die Zukunft des Fortschritts, Bonn 1981
Weizsäcker, Carl Friedrich von: Kriegsfolgen und Kriegsverhütung, München 1982
Wilber, Ken: Halbzeit der Evolution, Bern 1984

XIII. Teilnehmerliste der Umfrage

Folgende 30 Personen gaben ihr Einverständnis, genannt und ggf. zitiert zu werden:

Name:	*Beruf:*
Dr. Willy Bierter	Selbst. Wissenschaftler, Berater und Pubizist, Syntropie-Stiftung für Zukunftsgestaltung.
Werner Brack	Student.
Dr. Klaus Bussfeld	Oberstadtdirektor der Stadt Gelsenkirchen.
Frank Eckardt	Mitarbeiter der Vereniging Vluchtelingenwerk Rijnmond (Flüchtlingsorganisation) in Rotterdam.
Dr. Helmut Etzold	Biologe am Institut für Botanik und Pharmazeutische Biologie der Universität Erlangen. Seit den 70er Jahren publizistisch für die Zukunfts- und Friedensforschung tätig.

Alois Franken	Wissenschaftl. Angestellter des Instituts für interkulturelle Arbeit und Technik.
Prof. Dr. Bruno Fritsch	Institut für Wirtschaftsforschung in Zürich.
Prof. Dr. Wolfgang Gessenharter	Universitätsprofessor für Politikwissenschaft.
Prof. Dr. Dietrich Goldschmidt	Professor für Soziologie, emer. Direktor am Max-Planck-Institut f. Bildungsforschung und Vorsitzender des Aufsichtsrates des Instituts für Zukunftsstudien und Technologiebewertung.
Helmut Hildebrandt	Politikberater im Bereich Gesundheit, Geschäftsführer der Werkstatt Gesundheit e.V. in Hamburg.
Dr. Rolf Homann	Berater (Futures' Design) in Zürich, international agierender Zukunftsforscher.
Prof. Dr. Rainer Kabel	Universitätsprofessor und leitender Redakteur.
Dr. Berndt Knop	Ministerialrat.
Franz-Viktor Kuhlmann	Mathematiker.
Prof. Dr. Dieter Lutz	Stellvert. wissenschaftl. Direktor am Institut für Friedensforschung in Hamburg.
Prof. Dr. rer. nat. Günter Mack	Universitätsprofessor im Ruhestand
Prof. Dr. Peter H. Mettler	Universitätsprofessor.
Dr. Peter Oberlechner	Generalsekretär der Wiener Akademie für Zukunftsfragen.

Dr. Rudi Peter	Rentner.
Christoph Pfluger	Redakteur.
Matthias Sauer	Wiss. Angestellter am Institut f. Agrarsoziologie in Gießen.
Rainer Scheibke	Student.
Dr. Lothar Schulze	Zukunfts- und Friedensforscher, Rentner.
Prof. Hans-Paul Schwefel	Universitätsprofessor.
Prof. Dr. Rolf Schwendter	Universitätsprofessor für Devianzforschung, Leiter des Forschungsprojekts "Soziale Innovationen" an der Universität Kassel.
Dr. Walter Spielmann	Informator an der Intern. Bibliothek für Zukunftsfragen in Salzburg (Robert Jungk Stiftung)
Prof. Dr. Herbert Stachowiak	emer. Philosophieprofessor.
Prof. Dr. Fritz Vilmar	Universitätsprofessor.
Prof. Dr. Ernst U. von Weizsäcker	Direktor des Instituts für Europäische Umweltpolitik in Bonn.
Dr. Hans-Peter Wresky	Arzt.

Weitere 10 Personen, darunter alle 5 antwortenden Frauen, gaben nicht ihr Einverständnis, namentlich erwähnt bzw. zitiert zu werden.

TEIL II

GRUNDLAGEN EINER NEUEN ZUKUNFTSGESTALTUNG UNTER EINBEZIEHUNG DER CHAOSTHEORIE

UND

LÖSUNGSVORSCHLÄGE FÜR DIE GLOBALEN ZUKUNFTSFRAGEN

Kapitel 6

ZUKUNFTSGESTALTUNG UND CHAOSTHEORIE

Anfangs- und Randbedingungen, Linearität und Nichtlinearität

Die Zukunftsgestaltung in der Politik, Wirtschaft, Wissenschaft und Gesellschaft kann von relativ neuen Erkenntnissen der noch jungen Wissenschaftsdisziplin "Chaosforschung" wertvolle Impulse beziehen. Die Chaosforschung mit ihrer Theorie belegt anhand von Experimenten und Beobachtungen, daß schon *kleinste Veränderungen* in den Anfangsbedingungen in einem ansonsten stabilen System große Veränderungen bewirken können. Diese Feststellung trifft nicht nur für die physikalischen Systeme, sondern auch für ökologische, wirtschaftliche, politische und soziale Systeme zu. Diese sind nichtlinear und können gegenüber mikroskopisch kleinen Veränderungen in den Anfangsbedingungen eines ihrer Subsysteme komplexe Änderungen in ihren Strukturen hervorbringen. Kleinste Veränderungen in nichtlinearen Systemen können große Wirkungen haben, weil sie sich durch *Rückkopplungsmechanismen* zu beherrschenden Faktoren aufschaukeln. Man spricht dabei auch von positiver Rückkopplung, also von Vorgängen, die sich selbst verstärken. Das bedeutet, daß sich zum Beispiel das Sozialverhalten einer Gesellschaft erheblich ändern kann, wenn ein kleines Ereignis, das zunächst kaum oder gar nicht bemerkt wird, irgendwo ausgelöst wird. Zahlreiche Ereignisse, die zu erheblichen Veränderungen in den Gesellschaften beitragen, können nicht exakt analysiert werden, weil die Zusammenhänge zwischen den Ursachen und ihren Wirkungen nicht mehr folgerichtig nachvollzogen werden können.

Nichtlineare Systeme sind solche, in denen das Ganze mehr als die Summe seiner Teile ist. Das naheliegendste Beispiel eines nichtlinearen Systems ist der Mensch. Er ist mehr als die Summe seiner Teile und ein selbstorganisierendes System, das sich über unzählige Anfangs- und Randbedingungen, wie es in der Terminologie der Chaosforschung heißt, im Laufe der Evolutionsgeschichte auf den heutigen Stand entwickelte. Der Mensch als ein "nichtlineares System" lebt in einer Welt mit vielen anderen nichtlinearen Systemen, die wir in ihrer Gesamtheit als Biosphäre bezeichnen. Nichtlinearität ist der Normalfall, während Linearität die Ausnahme bildet. In den Naturwissenschaften werden nichtlineare Systeme auch als dynamische Systeme bezeichnet. Die Physiker, Gregor Morfill und Herbert Scheingraber, definieren den Begriff Nichtlinearität wie folgt: "Nichtlinear heißt ein System, wenn es auf eine Eingabe (Änderung eines Parameters, Störung, Fluktuationen) anders als direkt proportional reagiert. In der Natur sind praktisch alle Vorgänge nichtlinear." (1991, 288)

Nichtlineare Systeme sind in der Komplexität und multidimensionalen Vernetztheit nicht berechenbar. Ändert sich in ihnen eine Anfangsbedingung, so kann dies Auswirkungen nicht nur auf das mit neuen Anfangsbedingungen ausgestattete System selbst haben, sondern auch auf weitere oder sogar alle anderen, die mit ihm in Verbindung stehen. Das hängt davon ab, wie stark eine neue Anfangsbedingung das System selbst verändert hat, um so neue Randbedingungen für die zunächst davon nicht betroffenen Systeme zu bilden, die dadurch dann ebenfalls neue Anfangsbedingungen erhalten können.

Eine geänderte Anfangsbedingung in einem System 'a' kann zunächst die Randbedingung im System 'b' ändern. Durch die veränderte Randbedingung im System 'b' können sich in diesem wiederum die Anfangsbedingungen ändern, die rückkoppelnd die Randbedingungen des Systems 'a' ändern können, aber auch für andere Systeme neue Randbedingungen sein können. Randbedingungen sind auch als Umfeld- bzw. Umweltbedingungen eines Systems zu definieren, die Einfluß auf seine Anfangsbedingungen haben können.

Die nachfolgende Grafik, die Fritjof Capra in der Zeitschrift "Natur" im Januar 1990 veröffentlicht hat, zeigt ein Netz der Weltprobleme. Die darin in Stichworten fixierten Weltprobleme gründen sich auf das "selbstgerechte Wertesystem: *Expansion, Wettbewerb, Unterdrückung, Ausbeutung"*. Jedes Weltproblem bedingt Veränderungen anderer Weltprobleme, weil nichtlineare Beziehungen bestehen. Zum Beispiel ist das 'Artensterben' von folgenden Randbedingungen abhängig: Rodung von Wäldern, Übersäuerung von Gewässern, Treibhauseffekt, Klimaänderungen, Ausweitung der Ackerflächen u.s.w. Ändern sich diese *Randbedingungen (*durch Zu- oder Abnahme bzw. positiver oder negativer Rückkopplung), so ändern sich die Anfangsbedingungen für das Artensterben: eine geringere Rodung der Wälder würde z.B. das Artensterben verringern. Durch diese Grafik können Sie nachvollziehen, wie sich das Zusammenspiel von Anfangs- und Randbedingungen für die zentralen Weltprobleme verhält. Natürlich ist das Beziehungsgeflecht der Weltprobleme wesentlich dichter als auf Capras Grafik dargestellt. Es kann sich mit einer Grafik nicht einmal annähernd darstellen lassen, weil die Summe aller nichtlinearen *Wechselwirkungen* nicht mehr adäquat nachvollziehbar ist.
In der im Jahre 1972 erschienenen Zukunftsstudie "Die Grenzen des Wachstums. Bericht des Club of Rome zur Lage der Menschheit" sind Regelkreise abgebildet worden, die z.B. darstellen, welche Wechselwirkungen zwischen Bevölkerungszahl, Kapitaleinsatz, Landwirtschaft und Umweltverschmutzung bestehen. (Meadows) Die Abbildung 4 zeigt einen Regelkreis, der Rückkopplungsschleifen für die Bereiche Bevölkerung, Kapital, Landwirtschaft und Umweltverschmutzung darstellt. Diese vier Bereiche haben komplexeste nichtlineare Auswirkungen auf das gesamte Leben der Menschheit. Die Abbildung kann allerdings nur darstellen, welche positiven und negativen Rückkopplungen zwischen den wenigen *dargestellten Bereichen* existieren, wenn sich die Bevölkerungszahl durch Zunahme der jährlichen Gebur-

Abb. 3:

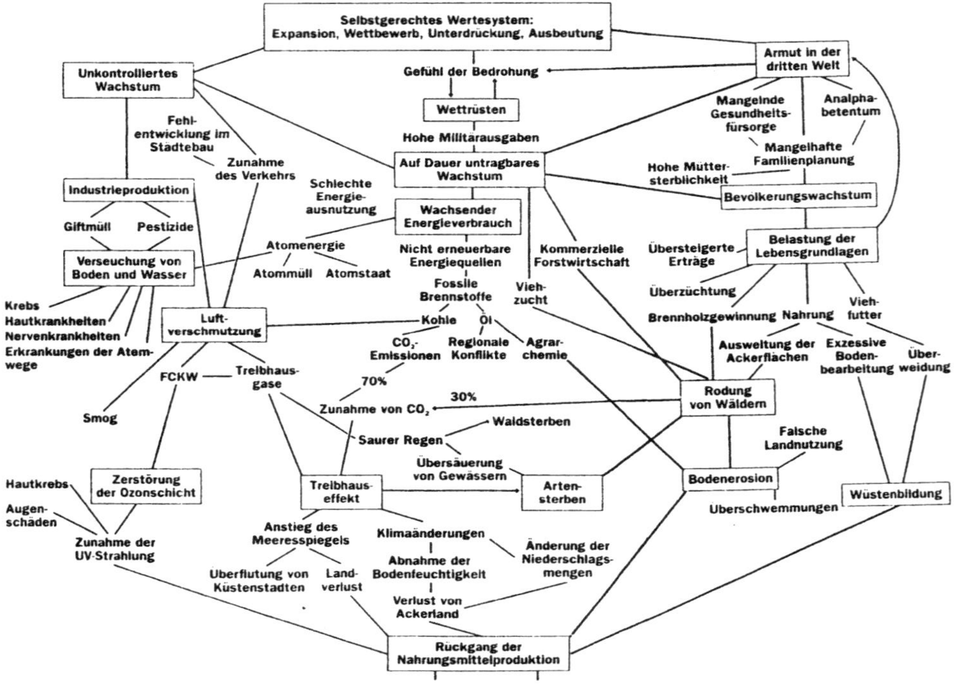

Quelle: Capra, Fritjof. "Das Netz der Weltprobleme." *Natur* (Januar 1990): 36-37.

ten und Abnahme der Todesfälle erhöht. Die Abbildung kann nicht die unzähligen anderen Rückkopplungen darstellen, die eine Zunahme der Weltbevölkerung bewirkt. Dieser abgebildete Regelkreis veranschaulicht trotzdem nachvollziehbar, welche Auswirkungen eine einzige veränderte Anfangsbedingung (Bevölkerungszunahme) auf viele andere Bereiche zur Folge hat.

Anfangsbedingungen werden auch beschrieben als Kriterien, die aus der Vielzahl möglicher anderer Kriterien eines Systems, seine weitere Entwicklung maßgebend beeinflussen. In der Natur sind Veränderungen auf den kontinuierlichen Prozeß des Entstehens neuer Anfangs- und Randbedingungen zurückzuführen. Jeder Wandel in den menschlichen Gesellschaften ist ebenfalls durch die kontinuierliche Abfolge ständig neuer Anfangsbedingungen zu beschreiben, die einerseits durch die Natur (genetische Änderungen, Umweltbedingungen als Beispiele), andererseits durch die Wert- und Handlungsmuster der Menschen bestimmt werden. Die Anfangsbedingungen einer Person, um ein weiteres Beispiel zu nennen, werden durch eine große Zahl von Faktoren bestimmt, auf die sie selbst wenig Einfluß hat. Auch Ihre persönlichen Anfangsbedingungen werden durch die Summe aller möglichen Einflußfaktoren Ihrer Lebenswelt (Randbedingungen) bestimmt. Für Ihren Lebenspartner sind sie z.B. ein "Faktor", der für ihn eine Rand- und zugleich Anfangsbedingung darstellt und umgekehrt.

Wegen der komplexen Zusammenhänge unter den sich stetig wandelnden Anfangsbedingungen in nichtlinearen Systemen (z.B. Biosphäre und soziale Systeme) können selten Ursachen und Wirkungen von großen Veränderungen folgerichtig nachvollzogen werden (Kausalzusammenhänge werden nicht mehr festgestellt). Dabei steht allerdings fest, daß die Ursachen großer Veränderungen oftmals mikroskopisch klein sind, jedoch ihr "Auslöser" nicht eindeutig fixiert werden kann.

Wären wir in der Lage, gewisse "Schwellenwerte" oder "kritische Größen" zu bestimmen, die zu wünschenswerten Verände-

Abb. 4:

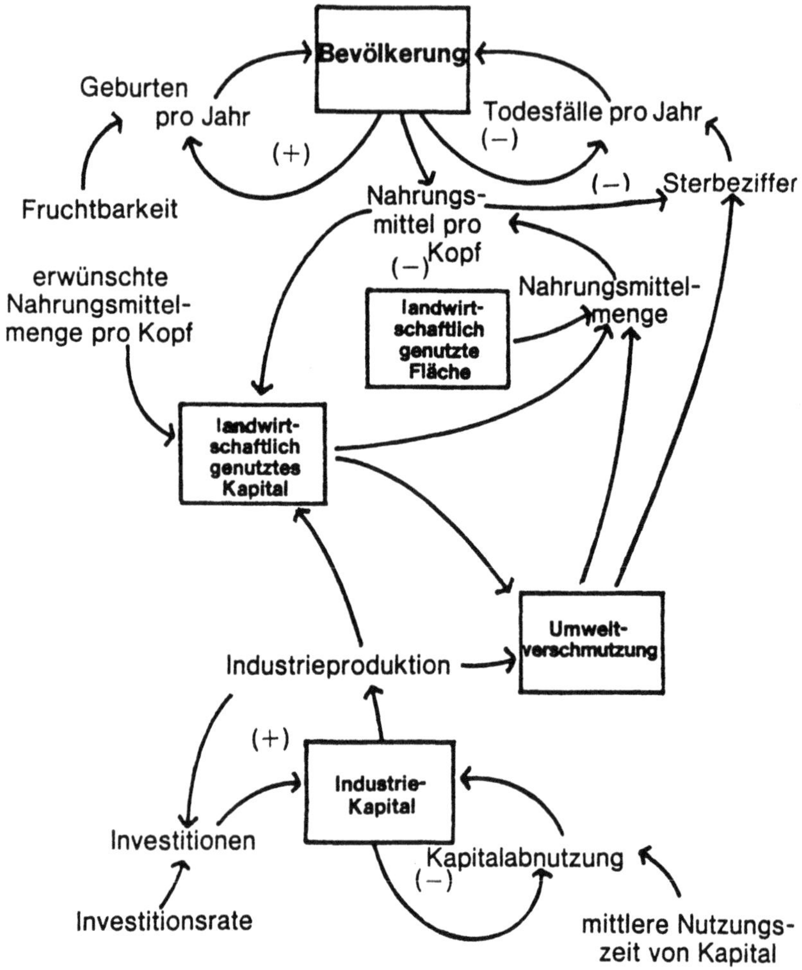

Quelle: Meadows, Dennis. *Die Grenzen des Wachstums. Bericht des Club of Rome zur Lage der Menschheit.* 14. Aufl. Stuttgart: Deutsche Verlags-Anstalt, 1987, 83.

rungen führen sollen, so könnten wir gezielter planen, treffsichere Prognosen aufstellen oder die Unsicherheit gegenüber der Zukunft reduzieren. ***Erkenntnisse der Chaostheorie helfen uns, anders zu planen, Prognosen unter stärkerer Berücksichtigung der Nichtlinearität aufzustellen und in unseren Zukunftsgestaltungen größere Freiräume für unerwartete Entwicklungen einzubeziehen.*** Auch diese Aspekte werden noch verdeutlicht.

Nachfolgend werde ich weitere Leitsätze der Chaostheorie mit ihren Implikationen für die Zukunftsgestaltung erläutern, die jedoch nur fragmentarisch diese faszinierende Wissenschaftsdisziplin wiederspiegeln können. Ich bin sicher, daß die ChaosforscherInnen diese Vorgehensweise akzeptieren, denn eine breitere Ausführung der Chaostheorie würde den Rahmen und die Absicht meines Ansatzes sprengen. Zudem verbinde ich die für den Kontext dieses Buch benötigten Leitsätze aus der Chaostheorie auch mit der Hoffnung, daß WissenschaftlerInnen mehr Chaosforschung betreiben mögen, die der Lösung der großen Zukunftsprobleme der Menschheit dient. Deswegen ist der hier gezeigte Ansatz, der wesentlich durch die Chaostheorie beeinflußt ist, zusätzlich als "Auftrag an die Wissenschaften" zu verstehen.

Weiteres Grundwissen über die Chaostheorie

Die Chaostheorie zeigt, daß in nichtlinearen Systemen durch geringste Veränderungen in einer ihrer Anfangsbedingungen neue Ordnungen bzw. Strukturen entstehen können. Zudem entstehen neue Anfangsbedingungen oftmals *spontan*, also ohne einen erkennbaren äußeren Einfluß.

Chaos bedeutete ursprünglich Strukturlosigkeit im Sinne von Leere. Ständig entsteht Neues und Unvorhersehbares. Die Anfangsbedingungen dafür erscheinen uns zufällig und unstrukturiert.

Im allgemeinen Sprachgebrauch bedeutet Chaos Durcheinander, Wirrwarr oder Unordnung.

Die Chaostheorie sagt, daß sich Systeme völlig unerwartet verändern und aus kaum feststellbaren Veränderungen neue Strukturen entstehen, sowie aus dem Phänomen der Gleichförmigkeit in der Natur völlig Neues entsteht.

Der Physiker und Wissenschaftspublizist F. David Peat und der Psychologe John Briggs haben das Buch "Die Entdeckung des Chaos" verfaßt, das allgemeinverständlich die Chaostheorie erklärt. Darin merken sie zur modernen Chaostheorie folgendes an: "Chaostheorie = die Erforschung des Lebendigen, des Dynamischen, des Komplexen, des Wandels, des Unvorhersehbaren, des Irregulären, des Unordentlichen, des Unberechenbaren, des Unregelbaren und des Schöpferischen." (1990)

Die Chaosforschung liefert ein Erkenntnismodell, um das Entstehen von Ordnung aus dem Chaos zu erklären. Sie begründet in ihrer umfangreichen Theorie, wann Chaos vorherbestimmt ist und wodurch die Vielfalt der Natur überhaupt ermöglicht wird (deterministisches Chaos und gebrochene Symmetrie). (Auf "gebrochene Symmetrie" gehe ich nicht weiter ein, da ich sonst die Intentionen dieser Arbeit verlassen würde. Ich verweise aber für näher interessierte LeserInnen auf den Beitrag "Grundgesetz der gebrochenen Symmetrie" von Theo Mayer-Kuckuk (1990))

Ebenso wie die neue Physik des 20. Jahrhunderts, die mit Namen wie Einstein, Bohr, Planck und Heisenberg untrennbar verbunden ist, hat die Chaostheorie erneut den klassischen Naturwissenschaften widersprochen, die behaupten, daß alles im Prinzip berechenbar und somit vorhersehbar wäre. Das Kausalprinzip in den klassischen Naturwissenschaften besagt: Gleiche Ursachen haben gleiche und berechenbare Wirkungen. Dieses Prinzip macht aber keine Aussagen darüber, wie sehr kleine Ursachen das Verhalten bestimmter Systeme beeinflussen können.

Während ein nichtlineares System mehr als die Summe seiner Teile ist, stellt ein lineares exakt die Summe seiner Teile dar. Ein lineares System steht in "einfacher" Beziehung und Wechselwirkung zu seiner Umwelt, während ein nichtlineares in komplexer Vernetztheit zu ihr steht.

Von nichtlinearen Systemen weiß man, daß in ihnen ein chaotisches Verhalten inhärent ist (deterministisches Chaos). Sie sind nur insoweit "berechenbar", weil man von ihnen weiß, daß sich ihr Zustand durch kleinste Störungen (neue Anfangsbedingungen) völlig verändern kann. Darüber hat Joachim Schult folgendes geschrieben: "Der Begriff 'Chaos' wird wissenschaftlich in zwei Bedeutungen angewendet. Einmal kann er auf reine Zufälligkeit hinweisen, wie dies etwa für die Bewegung von Molekülen gilt (molekulares, thermisches oder Quantenchaos). Zum anderen ... bezeichnet er ein unvorhersehbares, scheinbar zufälliges und dennoch nach gewissen Gesetzmäßigkeiten ablaufendes Verhalten. Dieses 'deterministische Chaos' tritt auch im Wechsel mit nichtchaotischen Zuständen in einfachen makroskopischen Systemen auf. Aus diesem Grund läßt sich die Bewegung einer Flüssigkeit für bestimmte Geschwindigkeitsbereiche durchaus mit Hilfe hydrodynamischer Gleichungen berechnen, die Wettervorhersage ist nicht immer falsch. Auch können für die Entwicklung von Populationen streckenweise korrekte Prognosen abgegeben werden, Gehirnzustände sind teilweise reproduzierbar usw. Generelle Aussagen über die zukünftige Entwicklung des jeweiligen Gesamtsystems sind aber nicht zu treffen.

Wenn in nicht-chaotischen, linearen Systemen Ort und Geschwindigkeit bekannt sind, lassen sich diese Parameter auch für jeden anderen Zeitpunkt genau berechnen. In chaotischen, nichtlinearen Systemen ist dies nicht möglich, hier müssen nichtlineare Differentialgleichungen numerisch gelöst werden. Dadurch wird zwar eine in diesen Systemen vorhandene Ordnungsstruktur erkennbar (deshalb 'deterministisches' Chaos), konkrete Prognosen über das Gesamtsystem sind mathematisch jedoch nicht zu leisten. Systeme, in denen das deterministische Chaos zu beobachten ist, sind extrem empfindlich gegenüber ihren Anfangsbedingungen und verhalten sich scheinbar so, als ob zwischen Ursache und Wirkung kein Zusammenhang bestünde. Als Beispiel kann man sich eine Kugel auf einem schmalen Grat vorstellen, deren Verhalten unvorhersagbar wird, wenn ein externer Einfluß stark genug ist, sie über den Rand des Grates hinaus zu bewegen. Im deterministischen Chaos durchläuft ein System diese Situation der Unvorhersagbarkeit vielfach." (1990) Für interessierte LeserInnen ist im übrigen das Buch "Deterministisches Chaos" zu empfehlen. (Schuster 1984)

Für nichtlineare Systeme, wie etwa ökologische Systeme oder die menschliche Gesellschaft, hat die Chaostheorie bewiesen, daß *auch* das Kausalprinzip (gleiche Ursachen haben gleiche Wirkungen) nicht zutrifft, sondern schon kleine Veränderungen in den Anfangsbedingungen einer ihrer Komponenten größte Veränderungen herbeiführen können (kleine Ursachen können große Wirkungen erzeugen). In einer Einführung über "Chaos und Fraktale" schreiben Hartmut Jürgens, Heinz-Otto Peitgen und Dietmar Saupe: "... Die Gegenwart von Chaos in deterministischen Systemen heißt nun aber, daß kleinste Unterschiede in den Ursachen, etwa in Form von unvermeidlichen Meßfehlern, zu größten Unterschieden in den resultierenden Wirkungen führen können. Entgegen unserer am mechanistischen Weltbild geschulten Intuition sind Systeme mit dieser Eigenschaft in der Natur darüber hinaus sogar offenbar die Regel und nicht die Ausnahme." (1989, 7)

Wie aufgezeigt wurde, belegt die Chaostheorie, daß Ereignisse in den einzelnen Teilen der Biosphäre sowie in der menschlichen Gesellschaft kaum vorhersehbar und mathematisch äußerst schwer bzw. meistens überhaupt nicht berechenbar (determinierbar) sind. So etwa sind Evolutionsprozesse in der belebten und unbelebten Welt selten determinierbar. Wettervorhersagen sind, wie wir oft feststellen, nur für kurze Zeiträume (maximal 10 Tage) möglich. Bernd-Olaf Küppers, den ich zum besseren Verständnis ergänzend zitiere, schrieb darüber: "Zuverlässige Wettervorhersagen scheitern jedoch nicht nur an unserem mangelnden Wissen, sondern auch aufgrund der Tatsache, daß dem Wetter physikalische Prozesse zugrunde liegen, die *prinzipiell* unberechenbar sind. Der Physiker nennt solche nichtberechenbaren Zustände eines an sich deterministischen Systems 'deterministisches Chaos'. Dieses Bezeichnung ist keineswegs eine Contradictio in adjecto. Sie bringt vielmehr in prägnanter Form zum Ausdruck, daß es physikalische Systeme gibt, deren Dynamik von deterministischen Gesetzen beherrscht wird, die aber dennoch ein inhärentes Zufallsverhalten aufweisen. Die Zufälligkeit solcher Systeme zeigt sich darin, daß hier nicht mehr eindeutig Ursache und Wirkung zugeordnet werden können ... Ganz allgemein zeigt sich, daß bei der Erforschung komplexer Phänomene zunehmend die Bedeutung von Anfangs- beziehungsweise Randbedingungen in den Blickpunkt des Interesses geraten." (1987, 18-19)

Extrem vereinfacht kann man auch das von Wahrscheinlichkeitsgesetzen und Zufallsverhalten definierte Chaos anhand eines Würfels erklären: Die Wahrscheinlichkeit beim Fall eines Würfels, daß z.B. 3 Augenpaare fallen, ist 1 zu 6. Statistisch fallen bei 6 Versuchen einmal 3 Augenpaare. Ich kann aber niemals exakt vorhersagen, daß beim nächsten Versuch 3 Augenpaare fallen, weiß aber, daß sie irgendwann fallen werden.

Die Chaostheorie wird immer ernster genommen

Erfreulicherweise sind schon WissenschaftlerInnen unterschiedlichster Disziplinen dabei, die Komplexität der Welt unter Einbeziehung der Chaostheorie zu erforschen und stellen sich "diesem Auftrag" immer mehr.

Zur Zeit wird allerdings die Komplexität der Welt durch die Chaosforschung primär für physikalische, biologische, chemische und mathematische Systeme untersucht. Mit *gesellschaftli-*

chen Systemen, deren Komplexität und Nichtlinearität am größten ist, beschäftigen sich ChaosforscherInnen erst seit einigen Jahren. Der Physiker und Chaosforscher Bernd-Olaf Küppers hat diese Zielsetzung, für die er sich engagiert, in dem von ihm herausgegebenen Buch "Ordnung aus dem Chaos. Prinzipien der Selbstorganisation und Evolution des Lebens" auf den Punkt gebracht, wenn er schreibt: "Wenn man von den evolutionären Veränderungen, denen die gesamte Biosphäre ausgesetzt ist und die sich meist nur innerhalb großer Zeiträume vollziehen, einmal absieht, sind die derzeitigen Veränderungen im Wirkungsgefüge der belebten Natur zumeist das Resultat menschlicher Aktivitäten. Diese Aktivitäten sind keinesfalls naturgesetzlich determiniert, sondern an Ziel- und Wertvorstellungen ausgerichtet, die aus der Freiheit menschlichen Handelns resultieren. Dort allerdings, wo durch menschliches Handeln das Wirkungsgefüge der belebten Natur in seinen Grundlagen verletzt wird, äußern sich schwere Krisensymptome, wie wir sie augenblicklich als ökologische Krise erleben.

Die Ordnung des Lebendigen zeichnet sich durch ihre extreme strukturelle und funktionelle Komplexität aus. Soll menschliches Handeln in seinen Auswirkungen auf die belebte Natur 'berechenbar' sein, so müssen wir komplexe Phänomene und ihre Interdependenzen eingehend erforschen. Diese existentiellen Rahmenbedingungen sind es, die das Phänomen der Komplexität gegenwärtig zu einem der bedeutendsten Aspekte naturwissenschaftlicher Forschung machen. Darüber hinaus scheint sich in der Erforschung des Komplexen eine neuartige Synthese von Natur- und Geisteswissenschaften anzukündigen, die in den kommenden Jahren unser wissenschaftliches Weltbild entscheidend verändern dürfte." (1987, 15-16)

Viele NaturwissenschaftlerInnen sind dabei, durch die Erkenntnisse der Chaosforschung der Gesellschaft zu helfen, denn diese Forschung hat bedeutende neue Erkenntnisse in der Medizin, Biologie, Mathematik, Klimaforschung, Astronomie und

Chemie hervorbringen können. Einige davon werden noch vorgestellt.

Die in diesem Kapitel dargelegten Thesen sollen auch helfen, daß das "Gespräch" und die Zusammenarbeit zwischen den Natur- und Geisteswissenschaften durch die vorliegenden Erkenntnisse der Chaostheorie intensiviert werden. Soziale Systeme können nämlich durch die Erkenntnisse der Chaostheorie besser verstanden werden. Für die Zukunftsgestaltung, die immer mehr mit schier unüberwindlicher Komplexität konfrontiert wird, liefert die Chaostheorie viele Einsichten. Mein Ansatz, Erkenntnisse der modernen Chaostheorie mit den Erfordernissen einer humanen und ökologisch ausgerichteten Zukunftsgestaltung zu verbinden, ist leider noch selten zu finden.

Dennoch deutet sich ein Umbruch an, der bewirken könnte, daß NaturwissenschaftlerInnen, darunter viele ChaosforscherInnen und GeisteswissenschaftlerInnen sich in Zukunft mehr gemeinsam mit gesellschaftlichen Systemen beschäftigen werden. Sollte er sich bewahrheiten, so wäre damit ein erneuter Durchbruch in den modernen Wissenschaften vollzogen, weil bislang die Kluft zwischen Naturwissenschaften einerseits und Geisteswissenschaften andererseits relativ groß war bzw. noch ist.

In den Naturwissenschaften herrscht zum Teil noch immer das "Vorurteil", daß die Geisteswissenschaften "zu ungenau" seien. Umgekehrt herrscht in den Geisteswissenschaften das "Vorurteil" gegenüber den Naturwissenschaften, daß diese nicht in der Lage wären, ganzheitliche Zusammenhänge zu erkennen. Man unterstellt den Naturwissenschaften, sie würden immer nur Teile des Ganzen wissenschaftlich untersuchen und dabei den Blick auf die großen Gesamtzusammenhänge verlieren. Darüber hinaus können die meisten NaturwissenschaftlerInnen nicht ganz bestreiten, daß sie daran festhalten, "alles auszuprobieren, was wissenschaftlich *machbar* ist". Das haben wir nicht nur in diesem Jahrhundert z.B. in der Waffentechnik feststellen müssen, sondern beobachten wir seit vielen Jahren in der Atomindustrie, in der chemischen und elektronischen Industrie und auch in der Gen- und Fortpflanzungstechnik.

Erfreulicherweise wird die Zusammenarbeit zwischen Natur- und Geisteswissenschaften vor dem Hintergrund der drohenden Megakrise der Menschheit immer enger.

So fand beispielsweise ein Symposium mit dem Thema "Evolutionäre Wege in die Zukunft - Strategisches Management komplexer Systeme und Projekte", am 29. und 30. November 1990 in Berlin statt. Es wurde unter Einbeziehung bekannter ChaosforscherInnen abgehalten. Im Programm wurden Themen behandelt wie: "Synergetik in der Natur - Synergetik im Denken und Handeln" (Referent: Der Physiker und Chaosforscher Hermann Haken), "Selbstorganisation und künstliche Intelligenz - eine Forschungsperspektive der Daimler Benz AG" (Referent: Dr. Rolf Müller, Ressort Forschung und Technik bei Daimler Benz), "Auf der Suche nach einer neuen Systemtechnik - Komplexitätsprobleme im Management europäischer Entwicklungsprojekte der Automobilindustrie" (Referent: Prof. Dr. Ulrich Kramer, Leiter Fahrzeugkybernetik bei BMW) oder "Technologischer Wandel in der Produktion - Mensch und Technik im Spannungsfeld von Automation und Selbstorganisation" (Referent: Karl Steigele, Produktionsleiter, IBM in Sindelfingen). Eine Podiumsdiskussion folgte mit dem Thema: "Was können Manager von der Chaosforschung lernen?" (Kreibich 1990)

Das Gelsenkirchener Sekretariat für Zukunftsforschung (SFZ) startete im Winter 1992 einen Veranstaltungszyklus "Selbstorganisation in Wirtschaft und Gesellschaft". Verschiedene Beiträge in diesem Veranstaltungszyklus wurden von WissenschaftlerInnen geliefert, die bereits seit Jahren mit der Chaostheorie beschäftigt sind. Das SFZ dokumentierte die Intentionen dieser Veranstaltungen wie folgt: "Das naturwissenschaftliche Paradigma scheint in die Krise geraten. Die neueren Erkenntnisse der Evolutionstheorie, der Synergetik, der Chaosforschung und der Selbstorganisation deuten auf einen grundlegenden Wandel in der Wissenschaft, der in seinen möglichen Konsequenzen eine Brücke zwischen den 'Zwei Kulturen' der Natur- und der Geisteswissenschaften schlagen kann. Diese positiv besetzte Annahme beinhaltet gleichermaßen eine verbleibende Skepsis gegenüber einer 'grenzenlosen' Übertragbarkeit naturwissenschaftlicher Erkenntnisse in eine sozialwissenschaftliche Praxis.

Mit dem Veranstaltungszyklus will das Sekretariat für Zukunftsforschung beiden Aspekten nachgehen und den aktuellen Stand der wissenschaftlichen Diskussion dokumentieren. Darüber hinaus soll insbesondere der Versuch unternommen werden, die neuen Erkenntnisse auf ihre Bedeutung für Wirtschaft und Gesellschaft zu befragen. Es werden Antworten auf die Frage erwartet, ob das Prinzip der Selbstorganisation - wie vermutet - Auswege aus dem permanenten Anstieg von Komplexität in den sozialen, ökonomischen, staatlichen und kulturellen Beziehungsgeflechten aufzeigt und Lösungen für neue dezentralisierte Handlungsformen politischer und wirtschaftlicher Entscheidungsfindung anbietet." (Sekretariat für Zukunftsforschung)

Veranstaltungen, die neue Wege der Zukunftsgestaltung unter Einbeziehung der Chaostheorie zum Thema haben, werden sich in den nächsten Jahren global ausbreiten, zumal sich schon gegenwärtig viele WirtschaftsführerInnen, ManagerInnen, ÖkonomInnen und PolitikerInnen brauchbare Hilfeleistungen von der Chaosforschung versprechen. Auch hierbei ist zu erkennen, wie sehr die Probleme in der Weltwirtschaft, in den Betrieben und Konzernen einerseits, in der Umwelt-, Verkehrs-, Bildungs- und Sozialpolitik andererseits, auf den Nägeln brennen, daß man sich Lösungen von dieser jungen Wissenschaftsdisziplin verspricht.

Selbstähnlichkeit, Kreativität in der Natur, fraktale Geometrie und Anmerkungen zur "Geburtsstunde" der Chaostheorie

Die Chaosforschung hat mitgeholfen, die Kreativität der Natur besser zu verstehen. So hat sie die Selbstähnlichkeit, die in der Natur zu beobachten ist und die deterministisch-chaotische Strukturen besitzt, mathematisch unter Einsatz von Computern erzeugen bzw. simulieren können. (Der Begriff "Selbstähnlichkeit" wird auf den folgenden Seiten noch näher erklärt.) Für die Chaostheorie hat der Mathematiker Benoit Mandelbrot selbstähnliche Strukturen mit einem Computerprogramm erzeugt. Sein Prinzip ist recht einfach: Die Grundstruktur wird in immer kleineren Dimensionen wiederholt (iteriert). Mathematiker nennen diesen Vorgang 'Iteration'. Iteration ist die Bezeichnung für die *schrittweise Annäherung* an eine gesuchte Zahl, wobei man jedesmal denselben Rechenvorgang auf den zuvor berechneten Wert anwendet. Iterierte selbstähnliche Strukturen innerhalb der Chaosforschung werden als Mandelbrot-Mengen bezeichnet. Sie sind als Computergrafiken dargestellt, die deterministisch-chaotische Strukturen zeigen, in denen die Grundstruktur auch bei 1.000.000facher Vergrößerung genauso aussieht, wie die Ausgangsstruktur (Selbstähnlichkeit). Man spricht hierbei auch von fraktalen Gebilden: Gestalten, die Komplexität vortäuschen, jedoch im Grunde nur eine Struktur beinhalten, also sehr einfach sind.

Die Abbildung 5 zeigt eine Computergrafik der "Mandelbrot-Menge" in Form des sogenannten *Apfelmännchens*. Die Mandelbrot-Menge stellt ein fraktales Objekt dar. Ein Fraktal ist ein Objekt mit einem wuchernden, feingliedrigen Muster. Würde man es beliebig vergrößern, so wäre immer dieselbe Grundstruktur bzw. dasselbe Muster zu sehen. Benoit Mandelbrot hat darauf hingewiesen, daß in der Natur viele Objekte diese selbstähnlichen Strukturen haben. *Fraktal* ist ein künstliches Wort, das Be-

Abb. 5:

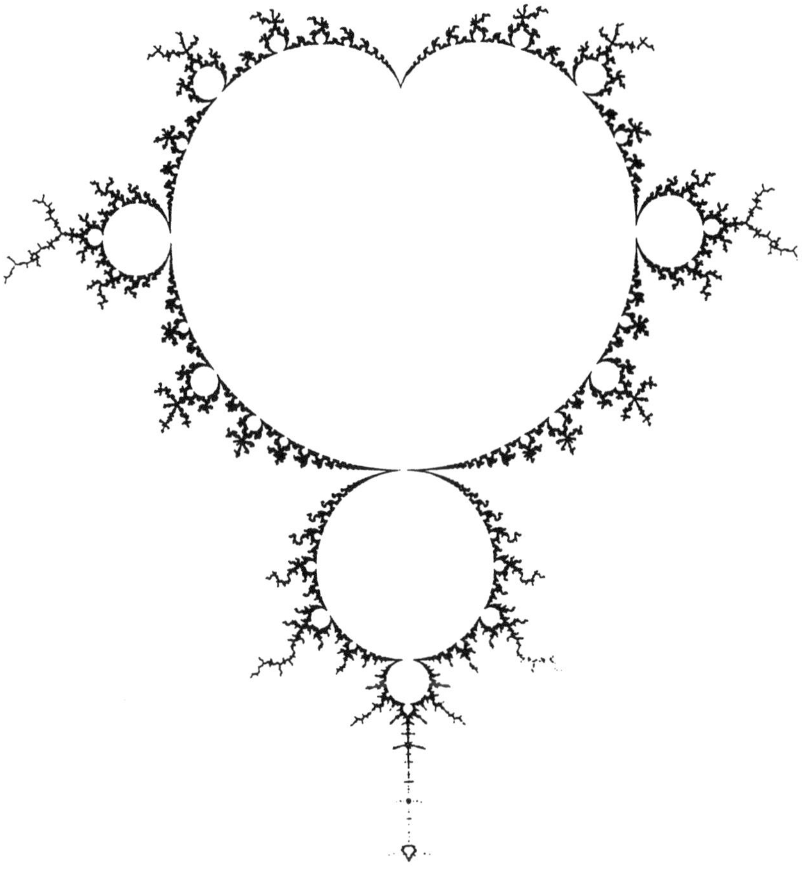

Grafik: Gleick, James. *Chaos - die Ordnung des Universums. Vorstoß in Grenzbereiche der modernen Physik.* München: Droemer Knaur, 1988.

noit Mandelbrot vom lateinischen 'frangere' abgeleitet hat, das 'brechen' bedeutet.

Benoit Mandelbrot hat zur Erstellung fraktaler Computergrafiken die "fraktale Geometrie" entwickelt. Diese hat viele Aspekte der Wissenschaft seither stark beeinflußt. Der Physiker Hans-

Joachim Schellnhuber berichtete über die fraktale Geometrie folgendes: "... Abgesehen von ihrem mathematisch-ästhetischen Reiz, liegt die praktische Bedeutung der fraktalen Geometrie auf der Hand: Sie gestattet zum ersten Male die quantitative Beschreibung vieler komplexer Gegenstände von Physik, Chemie, Biologie und Geologie und liefert somit die Voraussetzung, die Eigenschaften dieser Systeme zu berechnen. Dies könnte die Naturwissenschaften revolutionieren: Es gibt kaum einen Bereich, in dem sich die Fraktalwissenschaft nicht anwenden ließe." Schellnhuber nannte Beispiele aus den Bereichen Telekommunikation, Materialwissenschaften, Medizin, Ökologie sowie Katastrophen- und Umweltschutz, in der die fraktale Geometrie bereits Anwendungen findet bzw. in naher Zukunft finden wird. (1991, 34-38). In "Spektrum der Wissenschaft" wurde über die fraktale Geometrie folgendes ausgeführt: "Die fraktale Geometrie ist Beschreibung und zugleich mathematisches Modell für vielfältige Formen in Wissenschaft und Natur ... Fraktale Geometrie ist in erster Linie eine neue Sprache. Ihre Elemente entziehen sich aber einer direkten Anschauung und unterscheiden sich darin grundlegend von den Elementen der vertrauten euklidischen Geometrie wie etwa Linie, Kreis und Kugel. Die fraktale Sprache drückt sich in Algorithmen aus, das heißt in Verfahrensregeln und -anweisungen, die sich erst mit Hilfe eines Computers in Formen und Strukturen verwandeln ... Die Essenz der Mandelbrotschen Botschaft ist, daß viele natürliche Strukturen wie zum Beispiel Wolken, Gebirge, Küsten- oder tektonische Bruchlinien, Blutgefäßsysteme oder Bruchflächen von Materialien und vergleichbare Strukturen scheinbar uneingeschränkter Komplexität tatsächlich eine geometrische Regelmäßigkeit haben - die sogenannte Skaleninvarianz (Anm. d. A.: Skaleninvarianz ist eine Symmetrie von fraktalen Objekten). Das bedeutet: Analysiert man diese Strukturen bei unterschiedlichen Größenmaßstäben, so stößt man immer wieder auf dieselben Grundelemente." (Jürgens, Peitgen, Saupe 1989, 106)

Unsere Welt, die ebenso vielfältig erscheint, ist grundsätzlich von diesen selbstähnlichen Strukturen aufgebaut, die eine fraktale Ordnung kennzeichnen. Selbstähnlichkeit ist z.B. bei Bäumen festzustellen. Sie haben Verzweigungen vom Stamm in die Äste, von den Ästen in die Zweige, die wiederum in kleinere Zweige übergehen und so weiter. Auch der Blutkreislauf von Menschen und Tieren ist selbstähnlich. Hier gibt es Verästelungen, die immer feiner werden. Wolken am Himmel oder die Strukturen von Wasseroberflächen sind in immer kleineren Dimensionen selbstähnlich.

Der Physik-Nobelpreisträger Gerd Binnig (1986 für die Entwicklung des Raster-Tunnel-Mikroskops) hat über die Selbstähnlichkeit in der Natur folgendes gesagt: "... Beim Blick auf das Ganze kann man zunächst keine Selbstähnlichkeit erkennen. Ein Mensch hat rein äußerlich keine Ähnlichkeit - sagen wir - mit einem Atom. Das ändert sich jedoch, wenn man abstrahiert. Will man Ordnung erkennen, muß man immer abstrahieren. Wenn man sich auf ganz bestimmte elementare Eigenschaften konzentriert, erkennt man überall Strukturen, die lebhaft an die geometrischen Fraktale erinnern. Unsere Welt ist in bezug auf die zuvor genannten darwinistischen Prinzipien fraktal. Eine neue Tier- oder Pflanzenart, die evolutionär aus einer anderen Art hervorgegangen ist und aus der 'etwas werden will', muß genetisch auf Distanz gehen - so wie der Mensch sich im Laufe vieler Millionen Jahre vom Affen separiert hat, indem sein Erbmaterial nicht mehr mit dem des Affen kompatibel ist. Evolutionsbiologen nennen dieses Verhalten Isolation... Ob sich Quarks und Leptonen - die feinsten Elementarteilchen, die wir heute kennen - noch einmal in Unterelemente zerteilen lassen, wissen wir heute noch nicht. Hier hört unsere Kenntnis auf. Aber soweit wir die Natur kennen, finden wir überall: Attraktion und Isolation führen zu einem Gebilde aus miteinander wechselwirkenden Bausteinen. Diese Bausteine sind fraktal, denn man erhält, unabhängig von der Skala, immer das gleiche Bild." (1990, 98-102)

Selbstähnlichkeit finden wir auch in *sozialen Systemen* wieder. Die Wert- und Handlungsmuster sind z.B. in den modernen Industriegesellschaften sehr "selbstähnlich" geworden. Die durchschnittlichen Lebensmuster sind in den meisten europäischen Ländern sehr ähnlich und weichen nicht sonderlich von denen der Nordamerikaner oder Japaner ab. Ebenso existieren in den meisten Ländern der Dritten und Vierten Welt ähnliche "Fehlentwicklungsmuster und -tendenzen".

Für die Zukunftsgestaltung ist folgende Analogie relevant: Bilden sich neue Wert- und Handlungsmuster in den Gesellschaften heraus (z.B. solche, die zu wünschenswerten Zukünften führen), so könnten sie sich bis in die feinsten Verzweigungen der sozialen Systeme auswirken und somit "Selbstähnlichkeit" erzeugen. Dafür benötigen wir aber dringend eine "globale ökologische Vision", an der möglichst viele Menschen mitarbeiten! Daß dabei der einzelne Mensch mehr Einfluß ausüben kann als allgemein angenommen wird, zeige ich im letzten Kapitel.

Im Jahre 1961 hatte der Mathematiker und spätere Chaosforscher Edward N. Lorenz drei Differentialgleichungen für die Entwicklung des Wetters aufgestellt. Es war ein mathematisch stark vereinfachtes System mit drei Parametern. Selbst dieses extrem einfache System zur Wettersimulation auf einem Computer erwies sich in seiner Entwicklung als unvorhersehbar. James Gleick schreibt in seinem Buch "Chaos - die Ordnung des Universums" über die Entdeckung von Chaos bzw. die "Geburtsstunde" der Chaostheorie durch Edward N. Lorenz: "An einem Wintertag des Jahres 1961 wollte Lorenz eine seiner Sequenzen in einem längeren Ausdruck beobachten. Tatsächlich aber fand er eine Abkürzung. Statt den gesamten Umlauf in Gang zu setzen, begann er mitten im System. Um die Maschine in Ausgangsposition zu bringen, gab er die Zahlen ein, wie sie seinem letzten Ausdruck entsprachen. Danach ging er hinunter in die Halle, um dem Lärm der Maschine zu entfliehen und eine Tasse Kaffee zu trinken. Als er eine Stunde später zurückkehrte, sah er etwas Unerwartetes, das den Keim einer neuen Wissenschaft enthielt.

Die neue Verlaufskurve hätte eigentlich eine genaue Verdopplung der alten ergeben müssen. Lorenz hatte der Maschine exakt die gleichen Zahlen eingegeben. Sein Programm war unverändert. Doch während er wie gebannt auf den neuen Ausdruck starrte, machte er die Entdeckung, daß sich der neue Wetterverlauf so gründlich von dem früheren unterschied, daß innerhalb nur weniger Monate alle Ähnlichkeit verschwunden war. Er sah auf die frühere Zahlenreihe und dann wieder auf die neue. Er hätte ebensogut nach dem Zufallsprinzip zwei Wetterverläufe aus dem Hut ziehen können. Sein erster Gedanke war, eine der Röhren sei kaputt.

Doch dann ging ihm plötzlich ein Licht auf. Es lag kein Funktionsfehler vor. Das Problem bestand vielmehr in den Zahlen, die er eingegeben hatte. Im Gedächnis des Computers waren sechs Dezimalstellen gespeichert: 0.506127. Auf dem Ausdruck aber erschienen aus Platzgründen nur drei: 0.506. Lorenz hatte sich für die kürzere, abgerundete Zahlenreihe entschieden, wobei er voraussetzte, daß die Abweichung - im Verhältnis eins zu tausend - belanglos sei.

Diese Annahme war keineswegs unvernünftig. Wenn ein Wettersatellit die Temperaturen der Wasseroberfläche des Ozeans mit einer Abweichung von einem Promille erfassen kann, schätzen seine Erfinder sich glücklich. Lorenz' Royal McBee führte nur das klassische Programm aus. Es stützte sich auf ein vollständig determiniertes System von Gleichungen. Wurde ein bestimmter Ausgangspunkt vorgegeben, so entwickelte sich das Wetter zu jeder Zeit in genau der gleichen Weise. Gab man einen geringfügig abweichenden Ausgangspunkt vor, so verlief auch die Wetterentwicklung auf nur geringfügig veränderte Weise. Eine geringe numerische Abweichung glich in ihrer Wirkung einem leichten Windstoß: und ohne Zweifel mußten diese schwachen Windstöße einander weitgehend ausgleichen oder völlig aufheben, noch lange bevor sie das Wetter spürbar beeinflussen konnten. Doch sollten in Lorenz' speziellem Gleichungssystem bereits geringfügige Fehler katastrophale Auswirkungen haben." (1988, 28-29)

Man kann auch im eigenen Leben immer wieder selbst feststellen, wie kleine Ursachen große Wirkungen haben können. Stellen Sie sich nur einmal vor, sie hätten Ihren Lebenspartner nicht kennengelernt. Ihr persönlicher Lebenslauf würde wesentlich anders aussehen. Sie müssen zugeben, daß es absolut unmöglich ist, zu berechnen, wie Ihr "anderer Lebenslauf" ausgesehen hätte. So unberechenbar sind Verlaufskurven von nichtlinearen Systemen. Daraus ist zu schließen, daß wir Menschen im höchsten Maße mit Unbestimmtheiten leben müssen. Unbestimmtheiten sind ein fester Bestandteil des Lebens.

Dieses Wissen ist zwar nicht neu, aber gerade das 20. Jahrhundert ist dadurch gekennzeichnet, daß wir in fast allen unseren Denk- und Handlungsweisen Unbestimmtheiten ausschließen möchten. Um dieses zu erreichen, wird immer wieder der Fehler gemacht, bestehende Entwicklungslinien, Trends oder Situationen geradlinig in die Zukunft zu extrapolieren. ***Dabei werden lineare Beziehungen aufgebaut, die in Wirklichkeit nichtlinear sind.*** Aus diesen Gründen waren und sind zahlreiche Prognosen über den Energiebedarf, das Wirtschaftswachstum, die Bevölkerungsentwicklungen, das Verkehrsaufkommen, den Wohnungsbedarf, die Inflationsrate und anderes falsch. So hat man z.B. den Wohnungsbedarf in der Bundesrepublik Deutschland zu Beginn der 80er Jahre falsch prognostiziert. Diese Prognosen haben dazu geführt, daß in den 80er Jahren insbesondere der soziale Wohnungsbau durch den Staat vernachlässigt wurde und seit Beginn der 90er Jahre in der Bundesrepublik Deutschland ein großer Wohnungsmangel herrscht, der zudem die prognostizierten Inflationsraten etwas verfälschte. Ebenso waren und sind Prognosen über die künftige wirtschaftliche Entwicklung, den Energieverbrauch usw. oft derart ungenau, so daß sich die darauf abzielenden wirtschaftlichen und politischen Aktivitäten als Fehlplanungen erwiesen haben bzw. erweisen werden.

Unter Einbeziehung des Wissens, daß größtenteils *Nichtlinearität* in sozialen, wirtschaftlichen und politischen Systemen vorherrscht, würden Prognosen zu weniger Fehlplanungen führen. Man würde dann "Prognosen" aufstellen, die sich bestenfalls ständig selbst korrigieren, die also nicht zu Entscheidungen führen, die wenige Monate später bedauert werden müssen, sondern dann noch korrigierbar wären.

Zudem hat die Chaosforschung in der Medizin neue Erkenntnisse darüber liefern können, wie menschliche "Denkprozesse" im Gehirn zustandekommen und dabei festgestellt, daß dem Denken chaotische Prozesse inhärent sind. In der Zeitschrift "Physis" wurde Mitte 1990 darüber berichtet: "Wissenschaftler verschiedenster Fachrichtungen konnten viele Fakten über Bau und Funktionsweise des Gehirns zusammentragen. So weiß man heute, daß dieses etwa drei Pfund schwere, biochemisch-elektrische System einige hundert Milliarden Nervenzellen (Neuronen) enthält, die auf vielfältige Weise miteinander verknüpft sind. Recht gut kennt man auch die Funktionsweise des einzelnen Neurons auf der Basis elektrischer Impulse und ihr Zusammenspiel als neuronales Netzwerk bei der Bildung komplexer elektrischer Muster, die wahrscheinlich auf kognitive und andere geistige Prozesse hinweisen.

Bis heute stellt sich jedoch die Frage, inwieweit die ohne Zweifel vorhandenen ‚kreativen Prozesse' in Form von physikalisch-chemischen Vorgängen im Gehirn beschreibbar sind ...

... Mit dieser Problematik beschäftigen sich mittlerweile mehrere neurophysiologische Arbeitsgruppen in Europa und den Vereinigten Staaten. Agnes Babloyantz von der Universität Brüssel versucht beispielsweise seit 1985, für verschiedenen Gehirnzustände die entsprechenden Attraktoren (Anm. d. A.: Attraktoren sind Anziehungspunkte, die Veränderungen in Systemen herbeiführen, ohne daß sie mathematisch determinierbar bzw. vorhersehbar sind.) zu ermitteln. Sie fand unter anderem für Schlafzustände niedrigere Dimensionswerte als für Wachzustände. Bei epileptischen Anfällen verringerte sich der Wert weiter. Das Absinken der Dimensionalität zeigt den einfacheren (weniger chaotischen) Zustand an und repräsentiert einen Variabilitätsverlust der elektrischen Aktivität des Gehirns. Dieser Befund deckt sich mit der Alltagserfahrung, daß in Wachphasen eine hohe mentale Flexibilität erforderlich ist, um Denk- und Anpassungsprozesse ablaufen zu lassen. Mit Fug und Recht läßt sich behaupten: Denken muß zunächst chaotisch sein, damit es Informationen erzeugt. Fazit: Wird der kognitive Prozeß einer starren Ordnung unterworfen, so entwickeln sich krankhafte Züge bis hin zur Epilepsie oder Schizophrenie." (Schult und Wahlers 1990)

Es zeigt sich überall, daß sich durch nicht vorhersehbare Einflüsse das Denken und Handeln der Menschen z.B. bei politischen Wahlen oftmals ändert, auch wenn Wahlprognosen und große Umfragen andere Ergebnisse vorhersagten. Ein Dokument für diese Festellung sind die Wahlen zum Österreichischen Parlament vom Oktober 1990. Prognosen haben eine Fehleinschätzung von acht Prozentpunkten (!) zuungunsten der Sozialisten ermittelt. Der sogenannte "Börsenkrach" vom 19. Oktober 1987 war nicht unmittelbar vorhersehbar. (An der New Yorker Wallstreet fiel der Dow-Jones-Index, der 30 führende Industriewerte enthält und als internationales Börsenbarometer gilt, innerhalb des 19.10.1987 um 22,6%. Gleichzeitig gab es weltweit vergleichbare Kursverluste.) Vermutlich haben kleine politische Veränderungen diesen großen Effekt herbeigeführt. Die Evolutionstheorie spricht von "Sprüngen" und "Mutationen", die aufgrund der Komplexität, von zum Beispiel menschlichem Genom, nicht annähernd determinierbar sind. Epidemien hatten und haben größte Auswirkungen auf Bevölkerungen, obwohl der Ursachenherd im Vergleich zur Bevölkerung mikroskopisch klein ist. Ähnlich verhält es sich, wenn eine Panik ausbricht. Meistens sind die Ursachen dafür winzig klein.

Ungeahnte Folgen hatte die Öffnung des "Eisernen Vorhangs" im Spätsommer des Jahres 1989 in Ungarn. Zunächst ermöglichte die Öffnung der Grenzen in Ungarn Tausenden von DDR-Flüchtlingen die Ausreise in den Westen. Es folgte das dramatische diplomatische Ringen um die Freiheit der Botschaftsflüchtlinge von Prag und Warschau. Kurz darauf gab es in der ehemaligen DDR Massendemonstrationen, die als "Montagsdemonstrationen" in die Geschichte eingehen werden und das Ende des SED-Regimes einläuteten. Anschließend die Öffnung der deutsch-deutschen Mauer. Tschechen und Slowaken setzten den endgültigen Sieg des "Prager Frühlings" von 1968 durch - und machten einen Mann zum Staatspräsidenten, der noch wenige Wochen vorher als "Staatsfeind" galt, den Schriftsteller und Regimekritiker Václav Havel. Die weiteren Entwicklungen in den Ländern Osteuropas sind uns bekannt.

Erstes Fazit vom Nutzen der Chaostheorie für die Zukunftsgestaltung

Chaos in sozialen, politischen und wirtschaftlichen Systemen ist im 20. Jahrhundert häufiger festzustellen als in früheren Jahrhunderten, weil die Komplexität und Vernetztheit innerhalb der gesamten Menschheit extrem zugenommen hat. Der Lebensraum der Menschen wird durch die Bevölkerungsexplosion und die gestiegenen Anforderungen an Mobilität und materiellen Wohlstand immer begrenzter. Zudem sind die Eingriffe der Menschen in die Biosphäre in den letzten Jahrzehnten exponentiell angestiegen. Der Verbrauch an Energien und Materialien eines Durchschnittseuropäers liegt um den Faktor 70 höher als zu Beginn der industriellen Revolution vor ca. 200 Jahren.

Man könnte unter Zuhilfenahme der Chaostheorie bestimmte Anfangsbedingungen in der menschlichen Gesellschaft so gezielt ändern, daß Chaos reduziert wird und neue erwünschte Strukturen gesellschaftlicher *Selbstorganisation* und "Ordnung" entstehen können. Wir wissen heute viel darüber, wodurch Chaos entsteht. Wir kennen viele Details über das sogenannte "deterministische Chaos". Ferner sind uns wichtige Fakten über die hochkomplexen, nicht berechenbaren nichtlinearen Systeme bekannt. Zudem wissen wir ziemlich genau, daß der größte Teil der unerwünschten Wechselwirkungen, die wir als Chaos bezeichnen, durch die mannigfachen Eingriffe von uns Menschen in den Regelkreisen der Natur und Umwelt hervorgerufen werden.

Durch veränderte Anfangsbedingungen, die auf ein neues Verhältnis von Ökonomie und Ökologie, auf eine generelle Veränderung der materiellen Disparitäten zwischen Nord und Süd, Ost und West, sowie auf eine Humanisierung der Welt durch neue Wertmaßstäbe hinauslaufen müssen, kann unerwünschtes Chaos, das uns an den Rand einer Megakrise gebracht hat, erheblich reduziert werden!

Wichtig für die hier dargestellten Thesen ist auch, daß uns besonders bei Zukunftsplanungen die Erkenntnisse der Chaostheorie auf unterschiedlichste Art und Weise weiterhelfen können, daß Planungen unter Einbeziehung von *Unbestimmtheiten* erfolgreicher sind!

Stellungnahmen zur Chaostheorie

In den letzten Jahren wurden viele hundert Bücher und Tausende von Aufsätzen in Fachzeitschriften über die Chaostheorie veröffentlicht. Möglicherweise leitet sie nach der Relativitätstheorie und Quantenmechanik noch am Ende des 20. Jahrhunderts eine erneute wissenschaftliche Revolution ein. Diese Möglichkeit wird von renommierten WissenschaftlerInnen unterstützt. Selbst das eher konservative Club-of-Rome-Mitglied, Mihajlo D. Mesarović, schätzt die Chancen optimistisch ein, aus der Chaosforschung Impulse zu erhalten, um ein neues Paradigma zur Lösung der Weltproblematik aufzubauen. Er schreibt in einem Beitrag mit dem Titel "Auf der Suche nach neuen Paradigmen für die Weltproblematik", der auf die Chaosforschung eingeht: "Die Rolle des Chaos ist zur Zeit noch schwieriger festzulegen. Chaotisches Verhalten erleben wir auf Aktienmärkten, in der Biologie, bei Klimaveränderungen, ja selbst in der Astronomie. Wenn das Klima sich ändert und sogar die Orbits der Planeten chaotischem Verhalten unterworfen sind, kann man nicht vernünftigerweise erwarten, daß auch politische und sonstige Systeme mit ihren einander widersprechenden und reflexiven Komponenten das Potential zu chaotischem Verhalten haben? Zur Zeit wissen wir noch nicht genug, um jene Komponenten der globalen Problematik, die zu chaotischem Verhalten neigen könnten, zu identifizieren. Das Potential dazu ist jedoch zweifellos vorhanden. (1990, 38-39)

Ebenso ist der weltweit bekannte Philosoph, Zukunftsforscher und Experte für Weltwirtschaftsfragen, Ervin Laszlo, als Fürsprecher der Einbeziehung der Chaostheorie im Kontext der Zukunftsgestaltung anzuführen. In "Global Denken - Die Neu-Gestaltung der vernetzten Welt" schreibt er: "... Das Wetter ist nicht das einzige System, das sich in einem chaotischen Zustand befindet. Die kognitiven Zentren des menschlichen Gehirns sind ebenfalls ständig in einem chaotischen Zustand. Wegen dieser auf das Feinste geordneten Bedingungen kann das Gehirn auf geringste Veränderungen des Informations-Inputs mit größten Veränderungen des Befehls-Outputs an die Organe ansprechen. Gehirnzustände, die einem Chaos sehr nahe kommen, können besonders kreativ sein.

Wissenschaftler und Künstler, Dichter und Propheten entwikkeln ihre erhabendsten Ideen und erhalten ihre größten Inspirationen in einem scheinbar völlig ungeordneten 'veränderten Zustand des Bewußtseins', der für das Träumen, das Meditieren oder für die Trance typisch ist. Von Zeit zu Zeit gerät auch die menschliche Gesellschaft in einen chaotischen Zustand. Dieser

Zustand ist nicht anarchisch, sondern reagiert äußerst empfindlich auf die geringsten Schwankungen. Er ist das Eingangstor für den Übergang von einem Zeitalter zu einem anderen und von einer Kultur zu einer anderen. Die Lähmung der menschlichen Gestaltungsmöglichkeit löst sich, sie wird befreit von der Sklaverei überlieferter Werte und Normen. Der innovativen Kreativität der Menschen sind völlig neue Chancen gegeben, sich zu manifestieren und Früchte zu tragen. Ein hochsensitives Chaos, das an Bifurkationspunkten in der Gesellschaftsentwicklung auftritt, ist in Wirklichkeit hochsensitiv gegenüber Werten. Nicht die Gesetze und Regeln, auch nicht die religiösen Dogmen und Staatsideologien, sondern die neu sich bildenden Werte, Systeme und Ideale des Volkes sind die Schmetterlinge, die ihre Flügel schlagen und darüber entscheiden, in welche Richtung die Gesellschaft sich verändern soll." (1988, 50)

John Briggs und F. David Peat schreiben zur künftigen Rolle der Chaostheorie in den Wissenschaften folgendes: "Die Kontrolle der Natur durch das menschliche Denken ist der Kernpunkt des reduktionistischen Traums. Dieser Traum wird weitergeträumt, selbst im Angesicht seines offensichtlichen Scheiterns. Die Denkweise, die jedes System als mechanisch behandelt, aus Teilen bestehend und von anderen Systemen isolierbar, hat eine mächtige Technologie entstehen lassen - so mächtig, daß sie nun die Welt beherrscht. Eine unmittelbare Nebenwirkung dieser Technologie ist aber die Entstellung der planetaren Umwelt, wozu auch der Abbau des stratosphärischen Ozons und die Anreicherung der Treibhausgase gehören. Viele Forscher sagen nun vorher, daß diese Seite von Technik und Fortschritt zu ökologischen Katastrophen führen wird und unsere eigene Art ins Chaos stürzen muß. Der reduktionistische Traum aber läßt sich dadurch nicht erschüttern. Was die reduktionistische Wissenschaft in einer mechanischen Welt verdorben hat, das kann sie auch wieder 'reparieren'. So kommen schon die Empfehlungen, man solle doch gefrorenes Ozon in die obere Atmosphäre schießen, um den Schaden wiedergutzumachen.

Gegen diesen Trend erhebt sich die junge Wissenschaft vom Chaos, von der Ganzheit und vom Wandel - ein neues Bestehen auf den Wechselbeziehungen zwischen allen Dingen, ein Bewußtsein für die grundsätzliche Unvorhersagbarkeit in der Natur und für die Ungewißheit in unseren wissenschaftlichen Beschreibungen." (311-312)

Das Erkenntnismodell der Chaostheorie als "Hilfsinstrument" für eine neue Zukunftsgestaltung

Unser vorherrschendes Fortschrittsverständnis, das mit unserer Wirtschaftsweise und den daraus resultierenden Konsumverhalten eng vernetzt ist, muß in den nächsten Jahren dringend geändert werden. Oft reichen in unseren Wertmaßstäben schon kleine Korrekturen aus, die zur Veränderung unseres bestehenden Paradigmas beitragen können. Jede Veränderung in der Menschheitsgeschichte basierte und basiert auf Korrekturen in den Wertmaßstäben, die dann das Handeln des Alltags bestimmten und bestimmen. Heute, da die Menschheit an der Schwelle einer Megakrise steht, kommt es besonders darauf an, daß *diese Korrekturen mit Hilfe sehr effizient wirkender neuer Anfangsbedingungen von uns vorgenommen werden.* Eine akzeptable Analogie und ein Erkenntnismodell dafür liefert uns die Chaostheorie.

Eine Skizze zur Korrektur von Anfangsbedingungen in der wissenschaftlich-technisch geprägten Zivilisation

Vom Zweiten Hauptsatz der Thermodynamik (Wärmelehre) wissen wir, daß die Entropie eines abgeschlossenen Systems nicht vernichtet werden kann und ständig erhöht wird. Entropie ist ein im Jahre 1865 von dem deutschen Physiker Rudolf Clausius eingeführter Begriff. Er kommt aus dem griechischen und bedeutet Veränderung, Umkehrung. Entropie wird als derjenige Teil der Wärmeenergie bezeichnet, der z.B. in Wärmekraftmaschinen (Motoren aller Art) nicht in mechanische Energie umgewandelt, sondern zu Abwärme auf niedrigem Niveau wird. Die Thermodynamik unterscheidet zwischen umkehrbaren und nichtumkehrbaren Prozessen.

Die umkehrbaren gibt es nur als theoretische Grenzfälle, alle anderen sind nichtumkehrbar, also irreversibel. Dabei werden Energiepotentiale irreversibel vernichtet, und die Entropie wird größer.

Entropie kann nur durch Austausch mit der Umgebung zunehmen. Damit nimmt aber wiederum die Gesamtentropie des abgeschlossenen Systems zu. Das bedeutet, daß alle Wärmevorgänge eine Richtung haben: Vom höheren zum niedrigeren Niveau. Wärme geht nicht von selbst aus einem Körper niedriger Temperatur in den höherer über. Soll sie das, muß Arbeit aufgewendet werden, was bedeutet, daß aus einem anderen System Energie zugeführt werden muß. Entropie entsteht bei allen Vorgängen, in denen Energieumwandlungsprozesse nötig sind: Beim Autofahren, bei der Stromerzeugung, die auf fossile Energieträger basiert, bei der Nutzung elektrischer Energie in der Industrie, im Haushalt und so weiter.

Die Erde ist im Prinzip ein abgeschlossenes System. "Unsere" Biosphäre zeigt nicht zuletzt wegen des bereits einsetzenden Treibhauseffektes Anzeichen dafür, daß ihr Wärmehaushalt aufgrund von zu großer Entropie gestört ist. Die Natur wird diese "Störung" in Jahrtausenden korrigieren, aber wir sind heute und in der näheren Zukunft auf eine intakte Natur bzw. Biosphäre angewiesen. Um die Entropie, die hauptsächlich durch die Verbrennung fossiler Energieträger entsteht und dadurch auch Schadstoffanreicherungen in den Böden, in der Luft, bei Menschen und Tieren nach sich zieht, zu begrenzen, müssen wir rasch dazu übergehen, Energie zu sparen, fossile Energieträger durch regenerative Energieerzeugung (Sonne, Wind, Wasser, Biogase, Biomasse) zu ersetzen, Wälder aufzuforsten und tropische Regenwälder vor Brandrodungen und Kahlschlag zu schützen. Darüber hinaus müssen weitere Schritte eingeleitet werden, damit *gebundene Ordnungsenergie in Form von gespeichertem Kohlenstoff* nicht durch Verbrennungen in Kohlendioxid (CO_2) umgewandelt wird. Kohlendioxid ist der Hauptverursacher des Treibhauseffektes. Sein fortlaufender Ausstoß wird zudem aufwendig betrieben und bildet große Belastungen für die Zukunft der Menschheit. Kraftwerke, Autos, Flugzeuge, Wohnungsheizungen und Konsumgüter aller Art, die mit fossilen Energieträgern (Stein- und Braunkohle, Erdöl und Erdgas) hergestellt und betrieben werden, belasten die Umwelt zudem durch gefährliche Stickoxide und andere Spurengase (siehe auch Kapitel 1).

Im ersten Teil dieses Buches habe ich das gewaltige Ausmaß der Zukunftskrisen sowie Zukunftschancen und Handlungsdefizite skizziert. Wie wichtig alleine die Eindämmung des bereits eingesetzten Treibhauseffektes ist, wird durch die Besorgnis vieler WissenschaftlerInnen ausgedrückt, die feststellen müssen: Wenn es in den nächsten zwanzig Jahren nicht gelingt, die Ursachen des Treibhauseffektes um etwa 50% zu reduzieren, wird die Menschheit elendig verenden.

Aufgrund veränderter Anfangsbedingungen in den modernen Industriegesellschaften, in relativ wenigen Bereichen, kann dazu beigetragen werden, daß z.B. der Treibhauseffekt nicht weiter verstärkt wird und zahlreiche andere Zukunftskrisen damit eingedämmt oder gar gelöst werden. Damit sage ich folgendes aus: *Abbau von Chaos, das menschengemacht ist, und Schaffung ökologischer und humaner gesellschaftlicher Rahmenbedingungen durch neue Anfangsbedingungen in einigen Systemen, die der Mensch beeinflussen kann. Ferner sollten alle Zukunftsplanungen so konzipiert sein, daß große Unsicherheiten berücksichtigt werden. Von diesem Aspekt kann die Risiko- und Technikfol-*

genforschung lernen. PolitikerInnen, Geschäftsführungen und die Managements in Unternehmen können ihre Planungen unter Berücksichtigung von Chaos, Unbestimmtheit und Nichtlinearität anlegen. Sie könnten sich dadurch besser auf die rasch wandelnden gesellschaftlichen Rahmenbedingungen und Märkte einstellen sowie effizient zur Lösung der großen Zukunftsprobleme beitragen.

Nachfolgend ein einfaches Beispiel für die Wahl neuer Anfangsbedingungen und ihren möglichen Auswirkungen:

Problemskizze:

Das Verkehrssystem in den Industriegesellschaften ist unbestritten in seinen Gesamtauswirkungen als eines der größten Gefährdungspotentiale für die Biosphäre anzusehen, weil es maßgeblich zum Ausstoß von Kohlendioxid (CO_2), Stickoxiden (NO_X) und anderen klimarelevanten Spurengasen beiträgt.

Würde man bestimmte *Anfangsbedingungen,* die das derzeitige Verkehrssystem dominieren lassen, ändern, so würden sich nach und nach erhebliche Vorteile für die Biosphäre, die Lebensqualität der Menschen und die Rohstoffbilanz unserer Welt einstellen. Auch diese Vorteile würden nichtlinear verlaufen und daher noch größere Wirkungen erzielen. Natürlich würden dadurch auch neue Probleme entstehen, insbesondere wirtschaftliche, die aber aufgrund des großen Nutzens in Kauf genommen werden sollten.

Ein neues Verkehrssystem in den Industriegesellschaften könnte als neue *Anfangsbedingungen* z.B. folgende Änderungen erhalten:

1. Es muß durch verbesserte Nahverkehrssysteme, besonders für den Personentransport, kostengünstig, bequem und ohne *Zeitverluste* gegenüber dem Automobil, Mobilität für Personen *rund um die Uhr* garantieren. *Der Güterverkehr, insbesondere*

der Fernverkehr, muß nahezu vollständig von der Straße auf die Schiene verlagert werden.

2. Der Individualverkehr könnte durch Erhöhung der Energiekosten und durch Maßnahmen zur Reduzierung des Berufsverkehrs durch optimalen Einsatz von Informations- und Kommunikationstechnologien weltweit entscheidend reduziert werden.

Als neue *Anfangsbedingung* wäre also das Verkehrssystem zu ändern. Die positiven Auswirkungen wären beachtlich, was nachfolgend nur fragmentarisch aufgeführt wird:

- Drastische Reduzierung des Kohlendioxid-Ausstoßes.
- Erhebliche Reduzierung vieler anderer klimarelevanter Spurengase, die den Treibhauseffekt begünstigen.
- Erhebliche Reduzierung der Verkehrstoten und -verletzten.
- Geringerer Materialverschleiß bei den Automobilen, Straßen, Autobahnen u.v.a.
- Reduzierung der Abhängigkeit von den erdölexportierenden Ländern.
- Der Neubau und Ausbau von Straßen würde weitaus weniger notwendig werden.
- Der individuelle Aufwand für die Haltung eines Automobils (z.B. Kosten, Fahrzeit) würde geringer ausfallen.
- Die durch das derzeitige Verkehrssystem bedingten ökologischen Folgeschäden (Waldsterben, Gefährdung und Vernichtung von Tier- und Pflanzenarten, Gewässerverunreinigung, Materialverschleiß u.v.a.) würden beträchtlich verringert.
- Die Kosten für die Krankenversicherungen würden reduziert.
- Die Energiebilanzen der Industriegesellschaften würden wesentlich günstiger ausfallen, was auch die Energiepreise auf dem Weltmarkt stabilisieren würde. Das käme dann besonders den bevölkerungsreichen Ländern in der Dritten Welt zugute, die akut verschuldet sind, aber noch auf Erdölimporte angewiesen sind (z.B. Indien, Bangladesch).
- Die Vorbildfunktion:

Eine gelungene Realisierung eines guten Systems zur Reduzierung des Individualverkehrs durch ein funktionstüchtiges Personennah- und -fernverkehrssystem und eine weitgehende Verlagerung des Güterverkehrs auf die Schiene, die durchschnittlich drei bis sieben Mal weniger Energie als ein Lastkraftwagen benötigt, könnte beispielhaft für viele Industriegegesellschaften werden, wenn man damit ernsthaft beginnen würde.

Dieses Beispiel zeigt auf, wie sehr kleine Änderungen zu grossen Wirkungen führen könnten, die auch als *Schmetterlingseffekte* (siehe Einleitung) zu sehen sind. Da man natürlich niemals die Folgen für das Gesamtsystem prognostizieren kann, würden sich noch weitere, oftmals unvermutete, positive Folgen einstellen, weil die individuelle Mobilität mit ihren Folgeerscheinungen sicherlich auch ein Mitverursacher für Kriege (Golfkrieg als Beispiel), Hunger (klimatische Folgen durch den CO_2-Ausstoß) und Elend in den armen Ländern (Festhalten an der Weltwirtschaftsordnung, um weiterhin billige Rohstoffe für die Automobilproduktion zu erhalten) ist. Die Chaosforschung könnte, ja sie wird, in naher Zukunft helfen, die Komplexität derartiger Ursachen-Wirkungsbeziehungen besser zu verstehen. Insbesondere kann sie aber allen gesellschaftlich relevanten ZukunftsgestalterInnen helfen, gefährliche Fehlplanungen zu verhindern und wünschenswerte Planungen besser zu verwirklichen, wenn die Implikationen der Chaostheorie stärker berücksichtigt werden.

Für das exemplarisch angeführte Verkehrssystem wäre die Einführung eines neuen Nahverkehrssystems für den Individualverkehr und die Verlagerung des Güterverkehrs von der Straße auf die Schiene kein unlösbares Problem. In den Schreibtischen vieler VerkehrsplanerInnen, alternativ ausgerichteter WissenschaftlerInnen und fortschrittlich denkender PolitikerInnen existieren dafür seit Jahren die Durchführungspläne. Sie werden solange nicht realisiert, bis dafür die richtigen *Anfangsbedingungen* gewählt werden. Übrigens gibt es nicht wenige WissenschaftlerInnen, die behaupten, daß zur Reduzierung des Individualverkehrs einerseits und der Verlagerung des Güterverkehrs auf die Schiene andererseits *nur die erhebliche Erhöhung der Energiekosten ausreichen würde*. Damit wird gesagt, daß eigentlich nur *eine Anfangsbedingung* geändert werden müßte, um die weittragenden positiven Veränderungen zu erzielen. Ich schließe mich dieser These an, weil sich dadurch ein neues Verkehrssystem schnell einstellen würde und noch weitere Vorteile für eine humane und ökologisch ausgerichtete Zukunftsgestaltung zum Tragen kämen.

Zur Zeit wird zur Reduzierung des Individualverkehrs und des Energieverbrauchs die Einführung von sogenannten CO_2-Steuern von UmweltpolitikerInnen und einigen WissenschaftlerInnen in der Bundesrepublik Deutschland favorisiert. Sie stellt in dem hier dargestellten Kontext eine neue Anfangsbedingung dar, aber es sieht so aus, daß hierbei, wie bei fast allen Entscheidungen der letzten Jahrzehnte, die zur Entlastung der Umweltgefahren beitragen sollen, wieder eine nicht besonders wirksame neue Anfangsbedingung diskutiert wird. Zwei Wissenschaftler von der Forschungsgruppe Jülich haben sich mit der sog. CO_2-Steuer im Kontext der Entwicklung der CO_2-Emissionen in ausgewählten Ländern seit dem Jahre 1973 beschäftigt. Ihnen erscheinen dabei drei Punkte als besonders wichtig, die meine Einschätzung untermauern:

"1. Eine CO_2-Steuer muß den Kohlenstoffgehalt der Energieträger wiedergeben, damit sich der 'Energiemix' in Richtung auf CO_2-arme oder -freie Energieträger entwickelt.
2. Eine CO_2-Steuer muß über einen langen Zeitraum beibehalten werden, um tiefgreifende Wirkungen auf die Emissionen zu haben. Denn 'schockartige Preissteigerungen' (haben) zwar Anpassungsreaktionen (...) ausgelöst, aber in der Folgezeit ist das Verhaltensmuster in Wirtschaft und Gesellschaft bislang nicht grundlegend geändert worden.
3. Eine solche Steuer muß sehr hoch sein. Modellrechnungen zeigen, daß bei einer weltweiten, nach fossilen Energieträgern

gestaffelten Steuer, die für Kohle 100% beträgt, der Zeitraum, in dem sich der CO_2-Gehalt der Atmosphäre verdoppelt hat, durch diese Maßnahme nur um zehn Jahre verlängert wird. Um eine drastische Reduzierung der CO_2-Emissionen gemäß den heute diskutierten Zielen (bis 50% im Jahre 2030) zu erreichen, wäre vermutlich eine Steuer von mehreren hundert Prozent erforderlich." (Fischer und di Primio)

Wie gezeigt wurde, wird es in den nächsten Jahren von allergrößter Bedeutung sein, *welche neuen Anfangsbedingungen für die brennenden Zukunftsprobleme gefunden und in Kraft treten werden.* Wesentlich dabei ist, daß diese so gewählt werden müssen, daß sie politisch konsensfähig und sozialverträglich sind. Aber genauso wichtig ist, daß sie die größten Wirkungen erzielen (z.B. Reduzierung von CO_2-Emissionen). Um jedoch die beste neue Anfangsbedingung zu finden, die also mehrheitsfähig wäre und die größten Wirkungen erzielen würde, sind eigentlich die zuständigen WissenschaftlerInnen und PolitikerInnen gefordert. Sie könnten und sollten dabei von den Erkenntnissen der Chaosforschung lernen. Dabei müssen sicherlich unpopuläre Entscheidungen getroffen werden!

In der nahen Zukunft kommt es nämlich auf folgendes an:
Die Zukunftsaufgabe der Menschheit lautet, "Werkzeuge" für die Umsetzung von Lösungsplänen rasch zu entwickeln. Am Beispiel des Verkehrssystems wurde eine Möglichkeit diskutiert. Für die Energiewirtschaft, die Welternährungslage, die Rohstoffwirtschaft und viele Bereiche der Zukunftsgestaltung liegen zahlreiche gute Pläne vor, wie die eingeschlagene Richtung, die auf eine Megakrise zusteuert, geändert werden könnte. Aber die dafür zu wählenden Anfangsbedingungen erscheinen uns in ihrer Bestimmung noch als zu komplex. Auch deshalb muß hier mehr geforscht werden, und dabei können uns die Erkenntnisse der Chaostheorie helfen! Die Implikationen der Chaostheorie für die Zukunftsgestaltung fasse ich noch zusammen. *In diesem Kontext muß unbedingt erwähnt werden, daß Lösungspläne für die Zu-*

kunftskrisen nur in Verbindung mit einer Abkehr vom quantitativen Wachstums und einer grundlegenden Neuorientierung der Wertmaßstäbe bei den Menschen, insbesondere in den reichen Ländern, wirkungsvoll sein werden!

Prinzipien der Selbstorganisation und die Zukunftsgestaltung

Durch die moderne Chaostheorie werden auch seit einigen Jahren wieder die Prinzipien der *Selbstorganisation,* wie sie in der belebten und unbelebten Natur seit Jahrmillionen existieren, stärker diskutiert. Nachfolgend werden sie im Kontext des bislang angeführten Stoffes skizziert und mit Schlußfolgerungen für die Zukunftsgestaltung verbunden.

Zur Zeit befindet sich die Menschheit im *Übergang.* Dabei ist der Ausgang noch offen. Die Zukunft der Menschheit kann in eine düstere oder in eine wünschenswerte Zukunft führen. Diese beiden Varianten habe ich im vierten Kapitel skizziert. Inwieweit es uns gelingt, in eine wünschenswerte Zukunft zu gelangen, wird davon abhängen, welche neuen *Anfangsbedingungen* wir wählen, um die "Spielregeln der Natur" so zu respektieren, damit wir nicht weiterhin die Biosphäre zerstören und unsere eigene Art gefährden.

Wenn die Menschheit überleben will, muß sie anfangen die Organisationsprinzipien der Natur so gut wie möglich zu imitieren. Das oberste Organisationsprinzip der Natur basiert auf Selbstorganisation. Selbstorganisation bedeutet, daß sich in einem System, ohne Einwirkungen von außen, Strukturen bilden, deren Merkmal es ist, daß ihre Organisation zunimmt.

Das Prinzip der Selbstorganisation führt uns die Biosphäre, die ein überlebensfähiges System ist, elegant vor. Die Biosphäre kennt keine Energieverluste. Sie nutzt die eingestrahlte Sonnenenergie optimal. Zudem fallen bei der Sonnenenergienutzung keine Abfälle an. Sie zeigt uns ein vollendetes Recyclingsystem, weil alle Abfälle wiederverwertet werden. Sie zerstört bei Produktionsprozessen ihre Grundlagen nicht. Ihr sind alle Lebewesen optimal angepaßt, wobei sich der Mensch im Laufe seiner Zivilisationsgeschichte immer mehr ausklammerte. *Nichtanpassung führt aber zwangsläufig zur Auslöschung einer Art, wovon auch der Mensch nicht ausgenommen ist.*

Aus diesem Grund müssen wir lernen, die Prinzipien der *Selbstorganisation stärker* für ökologische, soziale, wirtschaftliche und technische Systeme zu respektieren und sie, soweit es möglich ist, zu nutzen. Sie wurden im Prinzip von den meisten Völkern bis zur industriellen Revolution vor rund 200 Jahren eingehalten. Die Nichtbeachtung selbstorganisierender Strukturen und die damit verbundene Zerstörung der Biosphäre hat aber besonders im 20. Jahrhundert dazu beigetragen, daß wir nun in tiefe Krisen geraten sind. Sie hat z.B. bewirkt, daß etwa

- die natürlichen Regelprozesse und Kreislaufe der Biosphäre ge- und zerstört wurden, weil der Mensch sie durch Chemie, Raubbau, Verschmutzung und mit "harter" Technik zu beherrschen versuchte und versucht.
- soziale Systeme instabil wurden, weil sie z.B. durch zentral gesteuerte Institutionen *fremdbestimmt* wurden und werden.
- wirtschaftliche Systeme zu Massenarbeitslosigkeit, Inflation, Armut, Hunger und ökologischen Krisen führten, weil *sanfte* durch *harte* Technologien, Selbstbestimmung durch Fremdbestimmung, überschaubare und auf Wiederverwertung basierende Rohstoffkreisläufe durch unüberschaubare, auf Raubbau basierende und supranational organisierte ersetzt wurden und werden.
- politische Systeme die Selbständigkeit und Mündigkeit der Menschen durch Erlasse, Gesetze, Verbote usw. derart ignorierten und ignorieren, daß Eigeninitiativen und Verantwortlichkeiten schon auf lokalen Ebenen unterminiert wurden und werden.

Die Einschätzung, daß wir stärker die Prinzipien der *Selbstorganisation* respektieren und soweit wie möglich nutzen müssen, wird von vielen WissenschaftlerInnen geteilt. Nachfolgend dafür einige Meinungen.

Fritjof Capra hat darüber im Jahre 1982 folgendes geschrieben: "... Systemweisheit beruht auf der tiefen Achtung vor der Weisheit der Natur, die sich in völliger Übereinstimmung mit den Einsichten der modernen Ökologie befindet. Unsere natürliche Umwelt besteht aus Ökosystemen, bewohnt von zahllosen Organismen, die sich gemeinsam im Laufe von Milliarden von Jahren unter fortlaufender Nutzung und Wiederverwendung derselben Moleküle von Boden, Wasser und Luft entwickelt haben. Die Organisationsprinzipien dieser Ökosysteme sind den auf neueren Erfindungen und sehr oft kurzfristigen linearen Projektionen beruhenden menschlichen Technologien überlegen.

... Die nichtlineare innere Verbundenheit aller lebenden Systeme legt uns sofort zwei bedeutsame Regeln für das Management sozialer und ökonomischer Systeme nahe. Erstens: Es gibt für jede Struktur, Organisation und Institution eine optimale Größe; versucht man, irgendeine einzelne Variable dieses Systems zu maximieren - etwa Gewinn, Leistungsfähigkeit oder das Bruttosozialprodukt (BSP) -, wird man unausweichlich das umfassendere System zerstören. Zweitens: Je mehr eine Volkswirtschaft auf der fortlaufenden Wiederverwendung ihrer Rohstoffe beruht, desto mehr befindet sie sich in Harmonie mit der sie umgebenden Umwelt.

... Die wichtigsten Probleme von heute sind globale Probleme. Die lebenswichtigen gesellschaftlichen Entscheidungen, die wir zu treffen haben, sind nicht mehr von lokaler Art - Entscheidungen für den Vorrang von Straßen, Schulen oder Krankenhäusern. Auch beeinflussen sie nicht mehr nur einen kleinen Teil der Bevölkerung. *Es sind Entscheidungen für oder gegen Prinzipien der Selbstorganisation - Zentralisation oder Dezentralisation, kapitalintensiv oder arbeitsintensiv, harte oder sanfte Technologie -,* *die das Überleben der Menschheit in ihrer Gesamtheit beeinflussen (*Hervorh. d. Verf.)." (1982, 440-441)

In der Natur entstehen "neue Ordnungen" nach dem Prinzip der *Selbstorganisation.* Die bestmögliche Annäherung menschlicher Systeme an dieses System der Natur durch darauf abzielende Korrekturen in den Anfangsbedingungen der gesellschaftlichen Gestaltungsprozesse ist ein wichtiger Faktor, um notwendige gesellschaftliche Veränderungen an der Schwelle der drohenden Megakrise der Menschheit doch noch zu verwirklichen. Diese können dazu beitragen, daß noch rechtzeitig ein Konsens zwischen Mensch und Natur, Ökonomie und Ökologie, Wissenschaft und Ethik, Wirtschaft und Moral erzielt werden kann.

Der Philosoph und Biologe Gerhard Roth hat in mehrjähriger Zusammenarbeit mit anderen WissenschaftlerInnen den Begriff *Selbstorganisation* analysiert mit der Feststellung, daß er für alle Lebewesen charakteristisch ist. (1986, 153-155)

Wir sind aufgefordert, daß dieses Prinzip, das durch die moderne Chaostheorie wieder mehr diskutiert, stärker in das Alltagswissen der Menschen übergeht und besonders die maßgebenden ZukunftsgestalterInnen beeinflussen wird. Das bedeutet insbesondere, daß die Gestaltung der Lebenswelt nicht "auf Anweisungen, Verordnungen, Erlasse und dergleichen", die aus der Politik und Wirtschaft kommen, reduziert werden darf. Wo Selbstorganisation durch den Staat blockiert wird, wachsen die Probleme quasi in allen Bereichen einer Gesellschaft.

Der Zukunftsforscher Rolf Kreibich hat über "Elemente eines neuen Fortschrittsmusters", die sich auf Erkenntnisse der Selbstorganisation gründen sollten, folgendes geschrieben: "... Auch wenn wir die Natur in ihrer Reproduktionsfähigkeit auf unsere Ökonomie vermutlich niemals vollständig übertragen können, so haben aber die traditionellen Wirtschaftswissenschaften und in ihrem Gefolge die Wirtschaft selbst in der Vergangenheit die Regeln eines rationalen und generativ verträglichen Wirtschaftens grundlegend mißachtet. Heute müssen wir feststellen, daß die Externalisierung der Rohstoff- und Umweltkosten des Wirtschaftens die verheerendste Prämisse der Industriezivilisation ist. Physikalisch, biologisch und ökonomisch heißt das ja nichts anderes als die Aneignung des Nutzens der Umwelt zu Lasten der Natur und der Allgemeinheit oder der Dritten Welt. Solange dieses Externalisierungsmuster unser Handeln bestimmt, werden wir jedenfalls Wohlstand und Lebensqualität nicht sichern, wahrscheinlich noch nicht einmal unsere Überlebensfähigkeit" (1991b, 35-36)

An etwas späterer Stelle schreibt er: "Jedes soziale System steht mit seinem physikalischen, biologischen, ökologischen und sozialen Umfeld in komplexen Wechselbeziehungen. Systementfaltung beruht auf Koevolution, das heißt der gegenseitigen Anpassung und Beeinflussung. Optimale Systemzustände sind einerseits durch eine hohe Fähigkeit zur Selbstorganisation und zum autonomen Handeln gekennzeichnet, andererseits durch aktive Einflußnahme auf die Systemumwelt im Sinne der Gesamtsystemstabilität." (1991b, 39)

Der Nobelpreisträger für Chemie, Ilya Prigogine, und die Chemikerin, Isabelle Stengers, haben in ihrem Buch "Dialog mit der Natur", das sich mit dem Begriffswandel der Wissenschaft seit dem Mittelalter beschäftigt, zur Selbstorganisation und Unbestimmtheit folgendes festgehalten: "... Wir haben entdeckt, daß die Irreversibilität, weit davon entfernt, eine Illusion zu sein, eine wesentliche Rolle in der Natur spielt und vielen Prozessen spontaner Selbstorganisation zugrunde liegt. Wir wissen heute, daß die Selbstorganisation von Lebensvorgängen wahrscheinlich auf derartigen Prozessen beruht. Wir finden uns in einer Welt des Zufalls wieder, einer Welt, in der Reversiblität und Determinismus nur für einfache Grenzfälle gelten, während Irreversiblität und Unbestimmtheit die Regel sind." (1990, 18) An späterer Stelle schreiben beide Autoren: "... Michel Serres spricht häufig von dem Respekt, den Bauern und Seeleute gegenüber der Welt empfinden, in der sie leben. Sie wissen, daß es ein natürliches Zeitmaß gibt und daß man das Wachstum der Lebewesen, diesen Prozeß der autonomen Transformation, den die Griechen *physis* nannten, nicht vorantreiben kann... Sobald wir die Natur im Sinne von *physis* entdecken, wird es uns möglich, auch die Komplexität jener Probleme zu verstehen, mit denen es die Sozialwissenschaften zu tun haben. Sobald wir den 'Respekt' erlernt haben, den uns die physikalische Theorie gegenüber der Natur aufnötigt, wird es uns möglich, auch andere geistige Ansätze respektieren zu lernen. Wir müssen lernen, die vielfältigen, von den menschlichen Gesellschaften hervorgebrachten Erkenntnisse, Praktiken und Kulturen nicht mehr zu beurteilen, sondern vielmehr miteinander zu kreuzen und neue Verbindungen zwischen ihnen zu schaffen. Nur so werden wir den beispiellosen Herausforderungen unserer Epoche gerecht werden können." (1990, 293-294)

Selbstorganisation zur Schaffung humaner und wünschenswerter Zukünfte bedeutet beispielsweise auch,

- *die Selbständigkeit und Kreativität von Menschen herausfordern.*
- *dem Selbstbestimmungsrecht der Menschen, Regionen und Völker als elementares Menschenrecht stärkeres Gewicht verleihen.*
- *nicht mehr den Menschen auf den drei Kontinenten der Dritten Welt "Entwicklungskonzepte" aufzwingen, die dazu führen, daß sie ihre Jahrtausende alten Traditionen sowie handwerklichen und intellektuellen Fähigkeiten verdrängen bzw. verlernen.*
- *zentralistische Strukturen in Wirtschaft, Politik, Gesellschaft und in der Technik abbauen und dezentrale, selbstorganisierende, fördern.*
- *fremdbestimmtes Denken und Handeln durch autonomes ersetzen.*
- *soziale Experimente (z.B. alternative Lebensformen) fördern.*

- *"harte" durch "sanfte" Technologien ersetzen.*
- *fossile durch regenerative Energieträger ersetzen.*
- *eine ökologische Marktwirtschaft einführen, in der nicht mehr die ökologischen Grundlagen aus den Produktionskosten ausgeschlossen (externalisiert), sondern durch ÖKO-Steuern, konsequente Anwendung des Verursacherprinzips, ÖKO-Bilanzen usw. eingeschlossen (internalisiert) werden.*

Abschlußgedanken

Der von mir vielstrapazierte Terminus *Anfangsbedingungen* soll in dem hier vorliegenden Kontext dazu dienen, wirksame Prämissen unter bestmöglicher Konsensfähigkeit in den hochindustrialisierten Gesellschaften und armen Ländern dafür zu schaffen, daß durch Korrekturen in relativ wenigen Wert- und Handlungsmustern Optimales für eine humane und ökologische Zukunftsgestaltung erreicht werden kann.

Das letzte Kapitel fast zusammen, welche Erkenntnisse aus der Chaostheorie für die Neugestaltung der von Krisen geschüttelten Menschheit vorliegen. Dabei werden grundlegende neue Anfangsbedingungen beschrieben, die nachhaltig zusammenfassen, welche Wert- und Handlungsmuster in der Politik, Wirtschaft, Wissenschaft, Kultur und in unseren individuellen Einflußbereichen erforderlich sind, damit die Zukunft der Menschheit lebenswert bleibt. Damit wird ein evolutionärer Plan für das Überleben der Menschheit beschrieben, indem jeder von uns ZuschauerIn und GestalterIn zugleich ist. Der einzelne Mensch kann in diesem Plan viel bewirken!

"Das Einfachste ist oft das Schwerste."
Albert Einstein

Kapitel 7

SIEBEN IMPLIKATIONEN AUS DER CHAOSTHEORIE FÜR DIE GESTALTUNG WÜNSCHENSWERTER ZUKÜNFTE

Vorbemerkungen

Nachdem ich zuerst "*Sieben Implikationen aus der Chaostheorie für die Gestaltung wünschenswerter Zukünfte*" aufführe, werden elementare *Anfangsbedingungen* skizziert, die aufzeigen, wie die Lösungskonzeptionen zur Überwindung der komplexen Zukunftsprobleme leichter realisiert werden können.

Die von mir genannten neuen Anfangsbedingungen sind immer auf den nachfolgenden zwei Frageformen aufgebaut worden:

1. Wo ist die einfachste Anfangsbedingung im bestehenden System, um das Problem 'x' am besten einzudämmen oder gar zu lösen und können durch sie auch noch weitere Probleme gelöst werden?
2. Wie kann die jeweils herausgefundene neue Anfangsbedingung mit den "*Sieben Implikationen aus der Chaostheorie für die Gestaltung wünschenswerter Zukünfte*" verbunden werden?

In diesem Sinne sollten überall auf der Welt neue Anfangsbedingungen für die unterschiedlichsten Zukunftsfragen realisiert werden. Angesichts der heraufziehenden globalen Megakrise muß sich jeder Mensch, der noch in einer halbwegs intakten Gesellschaft leben kann, auf die Suche nach neuen Anfangsbedingungen zur Reduzierung von Zukunftsproblemen begeben und die so gefundenen in die Tat umsetzen, denn "Wir können nur hoffen, wenn wir handeln", wie es ein Leitgedanke des Freiburger ÖKO-Instituts sagt. Auch an dieser Stelle muß noch einmal hervorgehoben werden, daß der einzelne Mensch sehr wohl Einfluß auf die komplexen Zukunftsprobleme nehmen kann. Resignation ist daher unangebracht!

Den Akzent bei allen von mir genannten neuen Anfangsbedingungen habe ich darauf gelegt, daß sie auf individueller und gesellschaftlicher Ebene *möglichst einfach realisierbar wären* (Konsensfähigkeit). Sie können als exemplarische Beispiele gesehen werden, sind aber gleichzeitig aus meiner Sicht sehr ernst gemeint. Sie würden nach meinen Überlegungen und ungezählten Diskussionen mit Frauen und Männern mit den unterschiedlichsten Wissenszugängen die weitere Zukunftsentwicklung sehr positiv beeinflussen.

Daß dabei besonders die Menschen in den reicheren Ländern dieser Welt "Abstriche" an Bequemlichkeiten, materiellem Lebensstandard und finanziellen Möglichkeiten hinnehmen müssen, ist unabdingbar, worauf ich besonders im ersten Kapitel hingewiesen habe. Aber diese Abstriche sind als gering anzusehen, wenn auf der anderen Seite uns selbst, unseren Kindern und Enkeln günstige Perspektiven zur Gestaltung wünschenswerter Zukünfte ermöglicht würden. Ebenso bedeuten sie, daß das Leid für viele Menschen in der Welt vermindert würde, denn der materielle Komfort bei uns reduziert die Zukunftschancen der Menschen in der Dritten Welt. Es ist daher auch unsere "Pflicht" einzusehen, daß wir lernen müssen zu teilen, um anderen Menschen ein anständiges Leben zu ermöglichen.

Sieben Implikationen aus der Chaostheorie für die Gestaltung wünschenswerter Zukünfte

I.

Komplexe Systeme sind nur dann lebensfähig, wenn eine ausgewogene Balance zwischen Ordnung und Chaos vorhanden ist. Systeme mit einer Struktur, in denen größere Schwankungen nicht zugelassen werden, sind nicht überlebensfähig.

II.

In sozialen Systemen können durch sehr kleine Veränderungen neue Organisationen bzw. Strukturen entstehen und/oder die bestehenden an neue Situationen angepaßt werden.

III.

Wir leben in einer Welt nichtlinearer Systeme. Sie stellen solche dar, in denen das Ganze mehr als die Summe seiner Teile ist. Sie sind in ihrer Komplexität und multidimensionalen Vernetztheit mit allen Teilen der Biosphäre nicht berechenbar. Lineare Systeme, die in einfachen und berechenbaren Beziehungen zu anderen Systemen stehen, bilden die Ausnahme. Bei ihnen ist das Ganze die Summe seiner Teile.

IV.

Die Chaostheorie hat festgestellt, daß für die meisten Systeme ein Wechsel zwischen Ordnung und Chaos charakteristisch ist (deterministisches Chaos). Dieses trifft auch für die sozialen Systeme menschlicher Gesellschaften zu. Für die Zukunftsgestaltung sozialer Systeme wäre es daher wichtig, größere Freiräume für unerwartete Entwicklungen zu berücksichtigen. Mit anderen Worten: Alle Planungs- und Gestaltungsprozesse, z.B. in der Wirtschaft, im Handel, im Städte- und Wohnungsbau, im Bildungswesen u.s.w. sollten so angelegt werden, daß sie chaotische Entwicklungen in der Gesellschaft, die nicht prognostizierbar sind, a priori einbeziehen.

V.

Die Chaostheorie lehrt uns, daß wir in einer Welt der Unbestimmtheiten leben. Die Zukunft der Menschheit ist nicht determiniert, aber auch nur teilweise planbar. Durch neue Anfangsbedingungen können aber zukunftsrelevante Weichenstellungen zur Gestaltung sozialer, wirtschaftlicher und politischer Systeme geleistet werden!

VI.

Durch die vielfältigen Eingriffe in die natürlichen Regelkreise der Biosphäre und multidimensionalen Planungs- und Gestaltungsprozesse in den sozialen Systemen ohne das Einplanen von Unbestimmtheiten, entsteht permanent ein Übermaß an Chaos. Das stellen wir an den ökologischen Katastrophen und großen sozialen und politischen

Krisen, die in den letzten Jahren exponentiell zugenommen haben, fest. Planungen sind nur erfolgreich, wenn sie ein bestimmtes Maß an Unbestimmtheiten und unkontrollierbarem Chaos berücksichtigen und tolerieren. Das gilt auf allen Ebenen menschlichen Handelns.

VII.

Das Prinzip der Selbstorganisation, welches in der belebten und unbelebten Natur elementar vorhanden ist, ist erfolgreich, um komplexe Strukturen zu erhalten und um sie weiterzuentwickeln. Soziale Systeme mit ihren hochkomplexen Organisationsstrukturen sollten sich im Idealfall nach dem Prinzip der Selbstorganisation verhalten, um die Weiterentwicklung und die Balance zwischen Ordnung und Chaos zu sichern. (Geänderte Anfangsbedingungen berücksichtigen dann die Komplexität des Ganzen und die Randbedingungen aller anderen Systeme.)

Individuelle Wert- und Handlungsmuster gegenwärtig und unter Einbeziehung der Implikationen aus der Chaostheorie

Zur Zeit dominierende Wert- und Handlungsmuster	Wert- und Handlungsmuster unter Einbeziehung der Implikationen aus der Chaostheorie
Lokales Handeln hat überwiegend lokale Folgen.	Lokales Handeln hat grundsätzlich globale Folgen.

Ich kann die Welt nicht ändern, weil mein Einfluß und Aktionsradius zu viel zu klein sind.	Ich kann schon mit kleinen Korrekturen durch mein Denken und Handeln erheblich dazu beitragen, daß die bestehenden Zukunftskrisen entschärft und zum Teil sogar gelöst werden.
Meine beruflichen und privaten Aktivitäten haben nachvollziehbare Auswirkungen. Ich brauche mich deshalb um die Folgen meines Handelns nicht besonders kümmern.	Meine beruflichen und privaten Aktivitäten haben nur sehr begrenzt nachvollziehbare Auswirkungen. Ich muß mir mehr Gedanken über die Folgen meines Handelns machen.
Ich möchte möglichst alles im voraus wissen und verlasse mich nur auf das, was ich nachvollziehen und prüfen kann.	Ich lebe mit Unbestimmtheiten. Ich erkenne an, daß ich mich auf sprunghaften Wandel, der überall möglich ist, einstellen sollte.
Ich bin abgekoppelt von der Umwelt.	Ich bin Teil der natürlichen Umwelt, und muß mein Handeln so anlegen, daß ich sie nicht gefährde und zerstöre.
In meinen Planungen und die darauf abzielenden Aktivitäten verlasse ich mich auf meine Berechnungen.	In meinen Planungen und darauf abzielenden Aktivitäten baue ich Freiräume für unerwartete Entwick-

	lungen ein. Sollten diese eintreten, so kann ich dann gelassener das Problem lösen.
Ich möchte nicht alle Zusammenhänge eines Problems verstehen. (Symptomlösung)	Ich bin daran interessiert, möglichst viele Zusammenhänge eines Problems zu verstehen. (Ursachenlösung)
Ich strebe nach Stabilität, Ordnung und Sicherheit.	Ich lebe in ständigem Wandel. Ordnung und Sicherheit verbinde ich mit Risikofreudigkeit, in der auch ein Wechsel zur Unordnung und Unsicherheit toleriert wird.
Ich benötige einen möglichst großen Aktionsradius, hohe Mobilität und sehe keinen Grund zur Selbstbeschränkung.	Ich schränke, wo immer es möglich ist, meinen Aktionsradius ein, reduziere meine Mobilität, strebe nach qualitativem Wachstum, Muße und begrenze meine materiellen Ansprüche.

Beispiele von neuen Anfangsbedingungen für die Gestaltung humaner und ökologisch ausgerichteter Zukünfte

1. Der Schutz der natürlichen Lebensgrundlagen unseres Planeten und damit allen Lebens erhält oberste Priorität in unseren Wertorientierungen und den daraus resultierenden Handlungen. *Beispiele von Anfangsbedingungen, um dieses Ziel zu realisieren:*

- Spürbare Erhöhung *aller Energiepreise* in den westlichen Industriegesellschaften.
- Hohe Subventionen und Forschungsprioritäten zur Schaffung regenerativer Energiequellen.
- Streichung aller Subventionen und Forschungsgelder für die Atomenergie.
- Aufforstungsprogramme im großen Stil, um Kohlendioxid aus der Atmosphäre als gebundene Ordnungsenergie, also als Kohlenstoff, der z.B. in Bäumen gespeichert wird, zurückzuführen.
- Massiver Schuldenerlaß und parallel dazu großangelegte Hilfsprogramme für die armen Länder der Dritten Welt, um Hilfe zur Selbsthilfe zu ermöglichen, die auch das Ziel implizieren, die Regenwälder und darin lebenden Menschen (Ureinwohner) zu schützen.
- Wenn schon die Einführung der "Neuen Weltwirtschaftsordnung", die im Jahre 1975 auf der 7. UNO-Sondervollversammlung von den Ländern der Dritten Welt beschlossen wurde und bis heute in allen Punkten von den führenden westlichen Industrienationen ignoriert wird, nicht realisierbar ist, so sollten doch die nachfolgenden *Mindestforderungen* der Dritten Welt erfüllt werden. Angesichts der Tatsache, daß 80% aller Menschen in der Dritten Welt leben, müssen diese Forderungen zur Reduzierung menschlichen Leidens in der Dritten Welt schnellstens eingelöst werden:

* Volles Selbstbestimmungsrecht über die Rohstoffe.

* Recht auf Rohstoff-Kartell-Bildungen nach dem Vorbild der erdölexportierenden Länder (OPEC).
* Aufhebung aller Kontingenzbegrenzungen in den Industriegesellschaften für sämtliche Produkte aus der Dritten Welt.

- Schaffung einer Umweltindustrie, die die Aufgabe hat, Umweltschäden zu beheben, Flüsse und Gewässer zu reinigen, Biotope anzulegen, Bäume zu pflanzen und Maßnahmen auszuarbeiten und durchzuführen, damit die Umweltqualität in allen Bereichen optimiert wird. Diese Umweltindustrie wird zum Teil aus allgemeinen Steuergeldern und zum Teil durch die höheren Energiesteuern finanziert (siehe oben).
- Es müssen die neuen sozialen Bewegungen, die alternativ ausgerichteten Wissenschaften und die alternative, ökologisch orientierte Wirtschaft von den maßgebenden PolitikerInnen und Institutionen unterstützt werden. Damit würde erreicht, daß ein Gegengewicht zum bestehenden Industriegesellschafts-Paradigma geschaffen wird, um kräftige Impulse für eine menschlich und ökologisch orientierte Gesellschaft zu schaffen.

2. Rückgewinnung und Schonung aller natürlich begrenzten Ressourcen (Einführung einer Rohstoff-Kreislauf-Wirtschaft).

Beispiele von Anfangsbedingungen, um dieses Ziel zu realisieren:

- Den oben genannten Punkt 1 und alle daraus resultierenden neuen Anfangsbedingungen unterstützen.
- Vermeidung von Müll bis hin zu staatlichen Verboten, aufwendige Verpackungen und Einwegflaschen sowie zahlreiche Luxusartikel herzustellen.
- Umstellungen der Verpackungsindustrien auf Recyclingindustrien.
- Bau- und Baugenehmigungsstopp für Müllverbrennungsanlagen.
- Massive Steuern auf Luxusartikel und auf Automobile, die z.B mehr als eine Tonne wiegen.

- Forschungsprioritäten für die Entwicklung und Optimierung von Recycling-Verfahren.
- Gebrauchsgüter so konstruieren, daß sie eine möglichst hohe Lebensdauer besitzen und so lange wie möglich reparaturfähig bleiben. Parallel dazu den Arbeitsmarkt auf ein ausgewogenes Maß an Produzenten und einen Reparatur- und Wartungsdienst verschieben. (Siehe auch Mittelstaedt 1988, 222)

3. Die Industrien für militärische Rüstung müssen durch *langatmige und mutige* Schritte durch solche für das Leben ersetzt werden (Rüstungskonversion).

Beispiele von Anfangsbedingungen, um dieses Ziel zu realisieren:

- Nur PolitikerInnen wählen, deren Parteien dieses Ziel in ihren Programmen haben bzw. für Entspannungspolitik und Abrüstung eintreten. Ebenso auf PolitikerInnen einwirken, z.B. durch schriftliche Eingaben, daß diese Ziele realisiert werden.
- Nicht für Firmen und Konzerne arbeiten, die militärische Rüstung produzieren.
- Wenn Sie dennoch MitarbeiterIn in einer Rüstungsfirma sind, dann machen Sie sich für zivile Produktionen (Rüstungskonversion) stark.
- Den Wehrdienst verweigern, wenn noch Wehrpflicht besteht.
- Die Friedensbewegung zumindest in den Großdemonstrationen unterstützen.
- Internationale Ächtung aller militärischen Waffen durch die Vereinten Nationen und strengste Verbote und Kontrollen, sie in irgendein Land der Dritten Welt zu liefern.
- Alle Länder, die über Atomwaffen verfügen, müssen ein Atomwaffen-Teststopp-Abkommen ratifizieren.

4. Ausgewählte Anfangsbedingungen zur Schaffung einer humanen und ökologisch orientierten Weltgesellschaft

- Die oben genannten Punkte 1 - 3 und die daraus resultierenden neuen Anfangsbedingungen unterstützen.

- Förderung der politischen, wirtschaftlichen, sozialen und kulturellen Einflußmöglichkeiten für Frauen, damit matriarchalische Wert- und Handlungsmuster die bestehende Dominanz patriarchalischer in den Industriegesellschaften ausgleichen.
- Stärkung der Organisation der Vereinten Nationen (UNO) durch die Völkergemeinschaft im Sinne einer Weltregierung, die ethische Wert- und Handlungsmuster, die zum Abbau menschenlichen Leidens in der Welt führen und internationale Programme zur Eindämmung der ökologischen Krisen fördern. Diese gestärkte UNO darf Zuwiderhandlungen ihrer Mitgliedsländer ächten und mit Sanktionen (Wirtschaftsembargos, Boykottmaßnahmen und Resolutionen) bestrafen. Sie darf aber nicht von einem ihrer Mitgliedsländer dazu benutzt werden, Konflikte auf militärische Weise auszutragen. Die UNO selber darf ebenfalls nicht das Recht besitzen, Konflikte mit der Androhung militärischer Aktionen zu lösen, wobei die Einrichtung der sogenannten UNO-Friedenstruppen in Konfliktfällen bestehen bleiben sollte.
- Die Massenmedien sollten wesentlich mehr über die neuen sozialen Bewegungen berichten. Sie sollten auch etwa ein Drittel ihrer Zeitung oder Sendezeit für Leser-, Hörer- oder Zuschauerreaktionen reservieren.
- Die sozialen Bewegungen müssen sich *noch mehr* dafür engagieren, Visionen für eine andere Welt zu formulieren. Sie müssen ihre Haltungen, die sich *gegen* etwas äußern, mehr in solche, die sich konkret *für* eine andere Welt aussprechen, wandeln.

  Die sozialen Bewegungen und die alternativen Wissenschaften müssen sich national und international *noch mehr* ihrer Verantwortung für die Zukunft bewußt werden und in einem globalen Netzwerk ihre großen Potentiale sozialer Kreativität gemeinsam in die Waagschale werfen. So könnten sie in Form einer großen außerparlamentarischen Weltkoalition wirkungsvoller ihre Ideen von einer menschlichen und ökologisch vernünftigen Zukunft ins öffentliche Bewußtsein übertragen.

- Alle Bildungssysteme müssen ihre Lehrpläne, die auf linearem Lernen (Lernen, ohne die Gesamtzusammenhänge ausreichend zu integrieren.) basieren, auf nichtlineares Lernen (Lernen unter Einbeziehung möglichst vieler Zusammenhänge des zu erlernenden Stoffes mit der Lebenswelt.) umstellen. Ebenso sollte bereits in der Grundschule damit begonnen werden, die lernenden Kinder über die Herausforderungen der Zukunft und die Probleme unserer Welt auf pädagogische und psychisch nicht zu belastende Weise aufzuklären. Letzteres auch, damit die Kinder nicht unvorbereitet die Tragödien und Krisen dieser Welt aus dem Fernsehprogramm erfahren, mit dem sie leider schon sehr früh konfrontiert werden.
- Die Natur- und Geisteswissenschaften müssen enger in allen Fragen, die die weitere Gestaltung der Gesellschaften beeinflussen, zusammenarbeiten.
- Abbau von Hierarchien, insbesondere in der Arbeitswelt.

Welche neuen Anfangsbedingungen könnte jeder einzelne realisieren?

Wenn Sie die oben genannten vier Punkte voll unterstützen, so ist es Ihre Aufgabe, diese im Rahmen Ihrer Möglichkeiten so gut es geht einzuhalten. Bei der Energieersparnis und beim Verzicht auf unnötigen Luxus leisten sie dann schon viel zur Gestaltung wünschenswerter Zukünfte.

Wenn Ihnen aber die vier Punkte als zu komplex erscheinen, so könnten sie folgende "Minimalleistungen" von neuen individuellen Anfangsbedingungen erbringen.

- Erklären Sie sich bereit, für Energie (Benzin, Strom, Erdgas, Kohle u.a.) wesentlich höhere Preise zu zahlen. Durch Einschränkungen können Sie das finanzielle Defizit ausgleichen.

- Vermeiden Sie jeglichen Gebrauch von Produkten, die Fluorchlorkohlenwasserstoffe (FCKW) enthalten. Bei Verbraucherberatungen bekommen Sie darüber Auskünfte.
- Erhöhen Sie die Intervalle für den Austausch von Produkten aller Art.
- Vermeiden Sie Chemie im Haushalt.
- Verzichten Sie auf das Zweitauto.
- Verzichten Sie ganz allgemein auf die Anschaffung von sogenannten "Zweitgeräten".
- Reduzieren Sie Ihren Fleischkonsum.
- Kaufen Sie keine Produkte, die Tropenholz enthalten.
- Halbieren Sie Ihren Fernsehkonsum.
- Gehen Sie immer wählen, ob zur Betriebsrats-, Kommunal-, Landtags-, den Bundestagswahlen oder den Wahlen zum Europäischen Parlament.
- Untersützen Sie die neuen sozialen Bewegungen, auch wenn Sie Ihnen zu "links" oder zu "revolutionär" erscheinen. Treten Sie möglichst einer Organisation der neuen sozialen Bewegungen bei oder unterstützen Sie eine Umweltorganisation (Greenpeace, Robin-Wood, ÖKO-Institut, Global Challenges Network, Bund für Umwelt- und Naturschutz Deutschland u.a.).
- Spenden Sie per Dauerauftrag monatlich etwas Geld für eine Dritte-Welt-Hilfsorganisation.

Abschlußgedanken

Soviel zu den *Minimalleistungen* neuer individueller Anfangsbedingungen. Anzuführen ist, daß der Klimaforscher Hartmut Graßl und der Molekularbiologe und Wissenschaftsredakteur Reiner Klingholz in ihren Buch "Wir Klimamacher" einen Forderungs- und Vorschlagskatalog mit fünfzig Punkten für die heile Welt erstellt haben, der im Prinzip fünfzig neue Anfangsbedingungen zur Rettung der Biosphäre enthält und allen LeserInnen zu empfehlen ist. (1990, 273-275) Überall auf der Welt ist eine Tendenz festzustellen, daß derartige Forderungs- und Vorschlagskataloge erstellt werden. Alle haben eines gemeinsam: Sie formulieren meistens *relativ einfache* Korrekturen, die in den Wert- und Handlungsmustern der Menschen in den westlichen Industriegesellschaften vorgenommen werden müßten, damit die drohende Megakrise der Menschheit doch noch abgewendet werden kann. Damit begründen sie im Prinzip *neue Anfangsbedingungen*.

Im Verbund mit den "*Sieben Implikationen der Chaostheorie für die Gestaltung wünschenswerter Zukünfte*", die insbesondere von allen gesellschaftlich relevanten ZukunftsgestalterInnen beachtet werden sollten, sind hier neue Perspektiven zur Eindämmung bzw. Lösung der globalen Zukunftskrisen aufgeführt.

Ich hoffe, daß ich mit meiner in diesem Buch ausgeführten Zukunftsanalyse, mit der Kurzbeschreibung der Chaostheorie und deren Implikationen für eine neue Zukunftsgestaltung etwas zur Diskussion über neue Wege der Zukunftsgestaltung beitragen konnte und bin dabei, diese Arbeit konsequent fortzuführen.

Anschrift des Autors:

Werner Mittelstaedt
c/o Gesellschaft für Zukunftsmodelle
und Systemkritik e.V. - GZS
Rotthauser Straße 97
W-4650 Gelsenkirchen 1

DANK

Mein besonderer Dank gilt meiner Frau *Mechthild.* Sie hat maßgeblich durch Diskussionen über die jeweils fertigen Fassungen stilistisch und auch faktisch das vorliegende Buch präzisiert. Darüber hinaus hat sie dazu beigetragen, daß das gesamte Buch für eine breite Leserschaft verständlich blieb. Zahlreiche Anregungen und Passagen gründen sich auf die Ideen meiner Frau.

Besonderer Dank richtet sich an *Ossip K. Flechtheim,* der das Vorwort geschrieben und ebenso zwei Zwischenfassungen gelesen hat und einige wertvolle Anregungen lieferte. Zudem haben mich Flechtheims Bücher und einige persönliche Begegnungen mit ihm seit den frühen 80er Jahren immer wieder ermuntert, auf allen Ebenen meines Handelns für eine bessere Zukunft zu kämpfen. Die LeserInnen wissen, daß einige Thesen Flechtheims im ersten Teil dieses Buches von Bedeutung sind.

Meinem Bruder *Peter* schulde ich Dank, weil er mich durch oftmals kontrovers geführte Diskussionen über die Zukunftschancen der Menschheit zur bestmöglichen Untermauerung meiner Thesen "zwang".

Ebenso muß ich mich bei allen zitierten Persönlichkeiten bedanken, wobei ich James Gleick, Robert Jungk, Bernd-Olaf Küppers, Ervin Laszlo, Ilya Prigogine und Isabelle Stengers hervorheben möchte.

Großer Dank richtet sich auch an alle WissenschaftlerInnen, die seit den frühen 60er Jahren die Chaostheorie begründeten, denn ohne diese faszinierende neue Wissenschaft läge das Buch nicht in dieser Form vor.

Erwähnenswert ist auch, daß in wichtigen Phasen dieser Arbeit mich besonders die Musik des amerikanischen Jazz-Gitarristen,

Bill Frisell, sowie Filme des französischen Filmemachers und Philosophen, Eric Rohmer, inspiriert und neu motiviert haben.

Es würde zu weit führen, weitere Frauen und Männer aufzulisten, die mich in den letzten fünf Jahren beim Verfassen dieses Buches beraten haben. Ihnen werde ich meinen Dank persönlich mitteilen.

LITERATURNACHWEISE

Adler, Adam, und Hanswerner Mackwitz. *Öko-Tricks und Bio-Schwindel*. Wien: Orak, 1990.

Beck, Ulrich. *Risikogesellschaft. Auf dem Weg in eine andere Moderne*. Frankfurt/Main: Suhrkamp, 1986.

Bethe, Hans A. (u.a.). *SDI. Der Krieg im Weltraum. Grundlagenstudie prominenter Wissenschaftler der Union of Concerned Scientists (UCS) zur Bewaffnung des Weltraums. Analyse der Strategien und Auswirkungen eines Krieges aus dem All*. Hg. John Tirman. 2. Aufl. Bern, München, Wien: Scherz, 1986.

Bild der Wissenschaft (Oktober 1990): 11. "Teure Sanierung des Mittelmeers".

Binnig, Gerd. "Die Geheimnisse der Kreativität. Wie die Natur Neues schafft". *Bild der Wissenschaft* 3 (März 1990): 96-104.

Bossel, H. (u.a.). *Energiewende - Wachstum und Wohlstand ohne Erdöl und Uran*. Frankfurt/Main: S. Fischer, 1980.

Bräutigam, Hans Harald. "Angst nach Tschernobyl. Über die gesundheitlichen Folgen des Unglücks herrscht bedrückende Unklarheit". *Die Zeit* 26 (22. Juni 1990): 74.

Briggs, John, und F. David Peat. *Die Entdeckung des Chaos*. München: Hanser-Verlag, 1990.

Brown, Lester R. (u.a.). *Worldwatch Institute Report. Zur Lage der Welt - 87/88. Daten für das Überleben unseres Planeten*. Hg. Gerd Michelsen. Frankfurt/Main: S. Fischer, 1987.

Brown, Lester R. (u.a.). *Worldwatch Institute Report. Zur Lage der Welt - 88/89. Daten für das Überleben unseres Planeten*. Hg. Gerd Michelsen. Frankfurt/Main: S. Fischer, 1988.

Burmeister, Klaus, Weert Canzler und Rolf Kreibich. Hg. *Netzwerke. Vernetzungen und Zukunftsgestaltung*. Weinheim: Beltz, 1991.

Capra, Fritjof. *Wendezeit. Bausteine für ein neues Weltbild*. Bern, München, Wien: Scherz Verlag, 1982.

Cooley, Mike. *Produkte für das Leben statt Waffen für den Tod. Arbeitnehmerstrategien für eine andere Produktion*. Reinbek: Rowohlt, 1982.

Council of Environmental Quality, US-Außenministerium, Hg. *Global 2000. Der Bericht an den Präsidenten*. 30. Aufl. Frankfurt/Main: Verlag 2001, 1981.

Dahle, Kjell. *On alternative ways of studying the future*. Oslo: Prosjekt Alternativ Framtid, 1991.

Der Minister für Stadtentwicklung, Wohnen und Verkehr des Landes Nordrhein-Westfalen, Hg. *Internationale Bauausstellung Emscher-Park. Werkstatt für die Zukunft alter Industriegebiete. Memorandum zu Inhalt und Organisation*. Düsseldorf: Ministerium für Stadtentwicklung, Wohnen und Verkehr des Landes Nordrhein-Westfalen, 1988.

Durrell, Lee. *GAIA - Die Zukunft der Arche. Atlas zur Rettung unserer Erde*. Frankfurt/Main: S. Fischer, 1987.

Ehrlich, Paul, und Anne Ehrlich. *Der lautlose Tod. Das Aussterben der Pflanzen und Tiere*. Frankfurt/Main: Krüger, 1983.

Fischer, Hahn, Küppers (u.a.). *Der Atommüllreport*. Hamburg: Rasch und Röhring, 1989.

Fischer, Wolfgang, und Juan C. di Primio. "Die Entwicklung der CO_2-Emissionen in ausgewählten Ländern". *Forum für interdisziplinäre Forschung* 1990/1: 27-37.

Flechtheim, Ossip K. *Der Kampf um die Zukunft. Grundlagen der Futurologie*. Bonn und Berlin: Dietz, 1980.

Flechtheim, Ossip K. *Ist die Zukunft noch zu retten?* Hamburg: Hoffmann und Campe, 1987.

Frankfurter Rundschau 26 (31. Januar 1991) 24. "Erste gesamtdeutsche Untersuchung über Wertvorstellungen der Jugend in Ost und West".

Fromm, Erich. *Haben oder Sein. Die seelischen Grundlagen einer neuen Gesellschaft*. Stuttgart: Deutsche Verlags-Anstalt, 1976.

Gleick, James. *Chaos - die Ordnung des Universums. Vorstoß in Grenzbereiche der modernen Physik*. München: Droemer Knaur, 1988.

Goeudevert, Daniel. *Die Zukunft ruft. Manager, Märkte, Motoren*. 4. Aufl. Herford: Busse + Seewald, 1990.

Graßl, Hartmut, und Reiner Klingholz. *Wir Klimamacher. Auswege aus dem globalen Treibhaus*. Frankfurt/Main: S. Fischer, 1990.

Grass, Günter. "Zum Beispiel Calcutta". *Die Herausforderung des Wachstums. Globale Industrialisierung: Hoffnung oder Gefahr? Zur Lage der Menschheit am Ende des Jahrtausends. Berichte internationaler Experten an den Club of Rome*. Hg. Club of Rome. Bern, München, Wien: Scherz, 1990.

Horkheimer, Max, und Theodor W. Adorno. *Dialektik der Aufklärung. Philosophische Fragmente*. Frankfurt/Main: S. Fischer, 1969.

Jungk, Robert. *Der Jahrtausendmensch. Bericht aus den Werkstätten der neuen Gesellschaft*. München: Bertelsmann, 1973.

Jungk, Robert. *Projekt Ermutigung. Streitschrift wider die Resignation*. Berlin: Rotbuch Verlag, 1988.

Jungk, Robert, und Internationale Bibliothek für Zukunftsfragen. Hg. *Katalog der Hoffnung. 51 Modelle für die Zukunft*. Frankfurt/Main: Luchterhand Literaturverlag, 1990.

Jürgens, Hartmut, Heinz-Otto Peitgen und Dietmar Saupe. "Chaos und Fraktale". *Spektrum der Wissenschaft: Verständliche Forschung*. Heidelberg: Spektrum der Wissenschaft Verlagsgesellschaft, 1989.

Kreibich, Rolf. "Forschungskultur und Produktionskultur - Krise der Wissenschafts- und Technikgesellschaft und Elemente eines neuen Fortschrittsmusters". *Symposiumsbroschüre. Evolutionäre Wege in die Zukunft. Strategisches Management komplexer Systeme und Projekte*. Hg. Institut für Zukunftsstudien und Technologiebewertung u.a. Berlin: (November 1990).

Kreibich, Rolf, Holger Rogall und Hans Boës. Hg. *Ökologisch produzieren. Zukunft der Wirtschaft durch umweltfreundliche Produkte und Produktionsverfahren*. Weinheim: Beltz, 1991.

Kreibich, Rolf. "Forschungskultur und Produktionskultur - Zur Krise der Wissenschafts- und Technikgesellschaft und Elemente eines neuen Fortschrittsmusters". *Evolutionäre Wege in die Zukunft. Wie lassen sich komplexe Systeme managen?* Hg. Henning Balck und Rolf Kreibich. Weinheim: Beltz, 1991.

Küppers, Bernd-Olaf. "Die Komplexität des Lebendigen - Möglichkeit und Grenzen objektiver Erkenntnis in der Biologie". *Ordnung aus dem Chaos. Prinzipien der Selbstorganisation und Evolution des Lebens*. Hg. Bernd-Olaf Küppers. München: Piper, 1987.

Laszlo, Ervin. *Global denken. Die Neu-Gestaltung der vernetzten Welt*. Rosenheim: Horizonte, 1989.

Lutz, Rüdiger. *Ökopolis. Eine Anstiftung zur Zukunfts- und Umweltgestaltung*. Hg. Anita Bachmann. München: Knaur, 1987.

Lutz, Rüdiger, Hg. *Pläne für eine menschliche Zukunft*. Weinheim und Basel : Beltz, 1988.

Max-Neef, Manfred. In: *Anders Wirtschaften. Visionen* und *Ansätze einer menschen-* und *umweltgerechten Wirtschaft*. Fernseh-Reihe "In Zukunft ... " . WDR 3: 08.05.90, 23.05-23.50.

Mayer-Kuckuk, Theo. "Grundgesetz der gebrochenen Symmetrie". *Bild der Wissenschaft* 2 (Februar 1990): 96-100.

Meadows, Dennis. *Die Grenzen des Wachstums. Bericht des Club of Rome zur Lage der Menschheit.* 14. Aufl. Stuttgart: Deutsche Verlags-Anstalt, 1987.

Mesarović, Mihailo D. "Auf der Suche nach neuen Paradigmen für die Weltpolitik". *Die Herausforderung des Wachstums. Globale Industrialisierung: Hoffnung oder Gefahr? Zur Lage der Menschheit am Ende des Jahrtausends. Berichte internationaler Experten an den Club of Rome.* Hg. Club of Rome. Bern, München, Wien: Scherz, 1990.

Michelsen, Gerd, und das ÖKO-Institut, Hg. *Die Zukunft der Bundesrepublik. Prognosen und Szenarien des ÖKO-Instituts.* Frankfurt/Main: S. Fischer, 1988.

Mittelstaedt, Werner. "Aspekte zur Vereinsamung der Menschen in den Industriegesellschaften". *Der STEIG. Zeitschrift der Studiengruppe Entwicklungsprobleme der Industriegesellschaft* 9/10 (Oktober 1987): 14-29.

Mittelstaedt, Werner. *Wachstumswende. Chance für die Zukunft.* München: Wirtschaftsverlag Langen-Müller/Herbig, 1988.

Mittelstaedt, Werner. "Blickpunkt Zukunft-Gespräch. Werner Mittelstaedt im Gespräch mit Dr. Helmut Etzold". *Blickpunkt Zukunft* 16/17 (Oktober 1988): 2-6.

Mittelstaedt, Werner. "Zukunftsfragen am Vorabend des 21. Jahrhunderts. Ergebnis einer Umfrage". *Blickpunkt Zukunft* 19/20 (Mai 1990): 1-9.

Morfill, Gregor, und Herbert Scheingraber. *Chaos ist überall... und es funktioniert. Eine neue Weltsicht.* Frankfurt/Main: Ullstein, 1991.

ÖKO-Institut, Hg. "Energiewende und Kohlepolitik". *Reihe ÖKO-Berichte* 1/88. Freiburg i.Br.: ÖKO-Institut.

ÖKO-Institut, Hg. "Gentechnik". *Reihe ÖKO-Berichte* 2/88. Freiburg i.Br.: ÖKO-Institut.

Peccei, Aurelio. *Die Zukunft in unserer Hand. Gedanken und Reflexionen des Präsidenten des Club of Rome.* München: Molden, 1981.

Prigogine, Ilya, und Isabelle Stengers. *Dialog mit der Natur. Neue Wege naturwissenschaftlichen Denkens.* 6. Aufl. München: Piper, 1990.

Prittwitz, Volker. *Das Katastrophenparadox - Elemente einer Theorie der Umweltpolitik.* Leverkusen: Leske und Budrich, 1990.

Rabe, Werner. *Die Erde im Fieber. Die Folgen von Ozonloch und Treibhauseffekt.* Göttingen: Lamuv Verlag, 1990.

Roth, Gerhard. "Selbstorganisation - Selbsterhaltung - Selbstreferentialität: Prinzipien der Organisation der Lebewesen und ihre Folgen für die Beziehung zwischen Organismus und Umwelt". *Selbstorganisation. Die Enstehung von Ordnung in Natur und Gesellschaft.* Hg. Andreas Dress, Hubert Hendricks und Günter Küppers. München: Piper, 1986.

Russell, Bertrand. *Bertrand Russell sagt seine Meinung. Eine Stimme moderner Aufklärung. Interviewt von Woodrow Wyatt.* Hg. und Übs. Günther Schwarz. Darmstadt: Verlag Darmstädter Blätter, 1976.

Schellnhuber, Hans-Joachim. "Nützliche Ästhetik. Fraktale in der Praxis". *Bild der Wissenschaft* 10 (Oktober 1991): 34-38.

Schönwiese, Christian-Dietrich, und Bernd Diekmann. *Der Treibhauseffekt. Der Mensch ändert das Klima.* 2., unv. Aufl. Stuttgart: Deutsche Verlags-Anstalt, 1988.

Schult, Joachim. "Chaos. Das neue Prinzip der Wissenschaft". *Physis. Medizin und Naturwissenschaften* 4 (April 1990): 19.

Schult, Joachim, und Ludger Wahlers. "Chaos. Das neue Prinzip der Wissenschaft". *Physis. Medizin und Naturwissenschaften* 5 (Mai 1990): 25-26.

Schuster, H. G. *Deterministisches Chaos.* Weinheim: Physis-Verlag, 1984.

Sekretariat für Zukunftsforschung. Information über den Veranstaltungszyklus Selbstorganisation in Wirtschaft und Gesellschaft". Gelsenkirchen: (Februar 1992): 1.

Simonis, Ernst Udo. "Nachhaltige Entwicklung. Umweltprobleme von globaler Bedeutung". *WZB-Mitteilungen* 50 (Dezember 1990): 16-19.

Uexküll, Jakob von, und Bernd Dost, Hg. *Projekte der Hoffnung. Der Alternative Nobelpreis*. München: Raben-Verlag, 1990.

Vorwärts. Sozialdemokratisches Magazin 7. (April 1991). "Brandt-Vorstoß: UN-Reform".

Westdeutsche Allgemeine Zeitung 261 (8. November 1990). "Kompromiß siegt bei der Welt-Klimakonferenz. Schlußpapier enthält keine konkreten Verpflichtungen".

WZB-Mitteilungen 49. (September 1990): 7. "Das Katastrophen-Paradox. Elemente einer Theorie der Umweltpolitik".

PERSONENREGISTER

SACHREGISTER

Wolfgang Ratzek

Selbstorganisation in komplexen Welten
Chaos als schöpferischer Impuls

Frankfurt/M., Berlin, Bern, New York, Paris, Wien, 1992. 310 S.
ISBN 3-631-44068-5 br. DM 89.--

Wir befinden uns in einer Situation, in der wir nicht mehr wissen, was als nächste Problemlage auf uns zukommt. Daß sie kommt, scheint gewiß. Manager, eine gesellschaftlich einflußreiche Gruppe, zeichnen für die Bewältigung von Problemlagen verantwortlich. Oder anders formuliert: Sie zeichnen verantwortlich für Entwurf und Realisierung von Konzepten, die Problemlagen vermeiden sollen. Ein Anspruch, der erst mit dem Zusammenbruch der von ihnen realisierten konzeptuellen Ansätzen offensichtlich wird, d.h. die Problemlagen werden erst dann akzeptiert, wenn sie als solche vorhanden sind. Dieses Buch will die damit verbundene Problematik transparenter gestalten.

Aus dem Inhalt: Chaostheorie – System und Lebenswelt – Informationsmanagement – Kognitionswissenschaft – Postmoderne – Systemtheorie – Interdisziplinarität

Verlag Peter Lang Frankfurt a.M. · Berlin · Bern · New York · Paris · Wien
Auslieferung: Verlag Peter Lang AG, Jupiterstr. 15, CH-3000 Bern 15
Telefon (004131) 9411122, Telefax (004131) 9411131
- Preisänderungen vorbehalten -

www.ingramcontent.com/pod-product-compliance
Ingram Content Group UK Ltd.
Pitfield, Milton Keynes, MK11 3LW, UK
UKHW021905290926
8980IPUK00015B/1073

9 783631 452219